Peter Kirchhoff, Antonios Tsakarestos

Planung des ÖPNV
in ländlichen Räumen

Peter Kirchhoff, Antonios Tsakarestos

Planung des ÖPNV in ländlichen Räumen

Ziele – Entwurf – Realisierung

Teubner

Bibliografische Information der Deutschen Nationalbibliothek
Die Deutsche Nationalbibliothek verzeichnet diese Publikation in der Deutschen Nationalbibliografie;
detaillierte bibliografische Daten sind im Internet über <http://dnb.d-nb.de> abrufbar.

Prof. Dr.-Ing. Peter Kirchhoff leitete den Lehrstuhl für Verkehrs- und Stadtplanung / Lehrstuhl für
Verkehrstechnik an der Technischen Universität München.

Email: Kirchhoff.p@web.de

Dipl.-Ing. Antonios Tsakarestos ist wissenschaftlicher Mitarbeiter am Lehrstuhl für Verkehrs- und
Stadtplanung / Lehrstuhl für Verkehrstechnik an der Technischen Universität München.

Email: Antonios.Tsakarestos@vt.bv.tum.de
Internet: www.vt.bv.tum.de

1. Auflage 2007

Lektorat: Dipl.-Ing. Ralf Harms, Sabine Koch

Der B.G. Teubner Verlag ist ein Unternehmen von Springer Science+Business Media.
www.teubner.de

Umschlaggestaltung: Ulrike Weigel, www.CorporateDesignGroup.de
Druck und buchbinderische Verarbeitung: Strauss Offsetdruck, Mörlenbach
Gedruckt auf säurefreiem und chlorfrei gebleichtem Papier.

ISBN 978-3-8351-0227-9

Einführung

Der Öffentliche Personennahverkehr (ÖPNV) in ländlichen Räumen kann nur dann auf eine wirtschaftlich vertretbare Grundlage gestellt werden, wenn neben dem herkömmlichen Linienbetrieb auch nachfragegesteuerte Betriebsformen zum Einsatz kommen und sich die Planung stärker als bisher an verkehrspolitischen Zielen orientiert. Mit beiden Themen befasst sich das vorliegende Buch. Die Themen sind über den Planungsschritt des Maßnahmenentwurfs miteinander verknüpft.

Nachfragegesteuerte Betriebsformen sind in Deutschland schon seit Jahrzehnten in verschiedenen Formen und mit unterschiedlichen Zielsetzungen im Einsatz. In diesem Buch wird der Versuch gemacht, den herkömmlichen Linienbetrieb und die nachfragegesteuerten Betriebsformen in die Theorie der flexiblen Betriebsweisen zu fassen. Gleichzeitig wird versucht, den allgemeinen ÖPNV und den Schülerverkehr so zu integrieren, dass der allgemeine ÖPNV als selbständiges Angebot erhalten bleibt, die Schüler soweit wie möglich den allgemeinen ÖPNV nutzen und erst bei Überschreitung von Kapazitätsgrenzen zusätzliche Schülerfahrten erfolgen.

Die in diesem Buch dargestellte Theorie wurde in unmittelbarem Zusammenhang mit ihrer Anwendung entwickelt. Dies geschah im Rahmen der vom Bundesministerium für Bildung und Forschung geförderten anwendungsbezogenen Forschungsprojekte MOBINET (eingebunden in das Forschungsprogramm „Mobilität in Ballungsräumen") und MOB² (eingebunden in das Forschungsprogramm „Personenverkehr für die Region"). Um den wechselseitigen Prozess zwischen Theorie und Praxis zu veranschaulichen, enthält das Buch neben der Darstellung der theoretischen Grundlagen auch die Anwendung dieser Grundlagen auf den Planungsfall Landkreis Grafschaft Bentheim.

Die Aufstellung von Nahverkehrsplänen für den kommunalen ÖPNV ist gemäß den Nahverkehrsgesetzen der Länder Aufgabe der zuständigen Gebietskörperschaften. Diese können die Planungsaufgabe entweder selbst erledigen oder sie an Consulting-Unternehmen vergeben. Zwar haben die Länder inzwischen Richtlinien für die Aufstellung von Nahverkehrsplänen herausgegeben, sie unterscheiden sich aber von Land zu Land, konzentrieren sich auf formale Vorgaben und setzen – ausgelöst durch Consulting-Unternehmen, von denen sich die Länder haben beraten lassen und die ihr eigenes Know-How in den Vordergrund gerückt haben – die inhaltlichen Gewichte anders, als es die Autoren als zweckmäßig ansehen. Diese abweichende Meinung wird im Rahmen des genannten Planungsfalles deutlich gemacht.

Das Buch richtet sich sowohl an Studenten, welche die Fachrichtung des Öffentlichen Verkehrs vertiefen, als auch an Fachleute in der Praxis, die mit der Planung des ÖPNV in ländlichen Räumen entweder bei den Aufgabenträgern oder bei den externen Planern zu tun haben. Nicht zuletzt soll es die allgemeine Diskussion über Inhalt und Methodik von Nahverkehrsplänen anregen.

Peter Kirchhoff, Antonios Tsakarestos

Inhaltsverzeichnis

1 Probleme und Lösungsmöglichkeiten

Der Öffentliche Personennahverkehr (ÖPNV) ist gegenwärtig durch folgende Entwicklungen gekennzeichnet:

- Immer mehr Menschen benutzen das Auto. Dies führt zu rückläufigen Fahrgastzahlen und damit zu sinkenden Einnahmen.
- Wegen des personal- und energieintensiven Betriebs und der starken Zunahme der Personal- und Energiekosten steigen die Kosten im ÖPNV stärker an als in anderen Bereichen.

Die Möglichkeiten, dieses Auseinanderdriften von Einnahmen und Kosten aufzuhalten, sind gering: Einer Erhöhung der Fahrpreise sind aus sozialen Gründen und wegen des dann drohenden Fahrgastverlustes enge Grenzen gesetzt. Die Zuschüsse der öffentlichen Hand lassen sich angesichts der dortigen finanziellen Engpässe nicht mehr erhöhen und sind schon in ihrer bisherigen Höhe kaum noch aufrecht zu halten. Als Folge dieser Entwicklung werden Beförderungsleistungen, die nicht wie z. B. die Schülerbeförderung zu den Pflichtaufgaben der öffentlichen Hand gehören, eingeschränkt oder sogar ganz eingestellt. Dies gilt insbesondere in Räumen mit dispersen Siedlungsstrukturen, wo anders als in den großen Städten der ÖPNV kein Gegengewicht zum überbordenden motorisierten Individualverkehr bildet, sondern vorrangig ein Instrument der Daseinsvorsorge ist. Auf diese Weise kommt eine Abwärtsspirale in Gang: Sinkende Einnahmen – Reduzierung des Angebots – Verlust an Fahrgästen – sinkende Einnahmen. Die Schülerbeförderung, die nach einem in einer Satzung festgelegten Niveau durchgeführt und von der öffentlichen Hand finanziert werden muss, gewinnt im Vergleich zum allgemeinen ÖPNV eine immer größer werdende Dominanz.

Zukünftig wachsen dem ÖPNV neue Aufgaben zu:

- Durch die zunehmende Lebenserwartung der Menschen wird es mehr Ältere geben, die ihre Mobilitätsbedürfnisse nicht mehr mit dem Auto realisieren können.
- Die steigenden Kraftstoffpreise werden viele Pendler zwingen, vom Auto zum ÖPNV zu wechseln. In jüngster Zeit sind bereits derartige Fahrgastzuwächse im ÖPNV zu beobachten.
- Die Umweltbelastung durch den motorisierten Individualverkehr sollte weiterhin Anlass sein, vor allem den Berufsverkehr stärker auf den ÖPNV zu verlagern.

Die Erfüllung dieser Aufgaben wird dem ÖPNV zwar insgesamt mehr Fahrgäste bringen, sie erfordert aber eine Erhöhung von Umfang und Attraktivität des Angebots, so dass hieraus auch zusätzliche Kosten resultieren.

Weitere Kostenerhöhungen entstehen im Schülerverkehr:

- Infolge des demografischen Wandels wird die Anzahl der Schüler in den kommenden Jahren zurückgehen. Dieser Rückgang wird zu einer Konzentration von Schulstandorten führen, so dass die Länge der Wege zwischen Wohnung und Schule zunimmt. Hieraus wird trotz der geringeren Schülerzahlen ein höherer Verkehrsaufwand entstehen. Wenn man den Verlust an Schulstandorten und die Zunahme der Weglängen vermeiden will, bleibt nichts anderes übrig, als vom mehrgliedrigen Schulsystem abzugehen und alle Bildungsebenen in einer Schule zusammenzufassen. Die Differenzierung nach unterschiedlichen Bildungsniveaus muss dann schulintern vorgenommen werden. Über solche Lösungen wird bereits diskutiert.

- Die Zunahme des Nachmittagsunterrichts als Folge des 8-klassigen Gymnasiums und des Wunsches nach Ganztagsbetreuung der Schüler führt zu einer zeitlichen Spreizung der Schülerbeförderung und erfordert zusätzliche Fahrten am Nachmittag.

Diese Entwicklungen im allgemeinen ÖPNV und im Schülerverkehr werden das Auseinanderdriften von Einnahmen und Kosten beschleunigen. Deswegen müssen alle Möglichkeiten zur Kostensenkung genutzt werden.

Folgende Maßnahmen der Kostensenkung bieten sich an:

- Stärkerer Wettbewerb bei der Vergabe von Verkehrsleistungen.

    Die EU fordert auch im ÖPNV eine Deregulierung, um die heute noch größtenteils vorhandenen territorialen Monopole, die sowohl kostentreibend wirken als auch Innovationen behindern, aufzubrechen. An die Stelle einer fortlaufenden Verlängerung der bestehenden Konzessionen werden die Ausschreibung der Verkehrsleistungen oder ihre marktorientierte Direktvergabe treten. Um wettbewerbsfähig zu werden, müssen sich die Verkehrsunternehmen restrukturieren und die noch vorhandenen Rationalisierungspotentiale und noch erschließbaren Innovationspotentiale stärker ausschöpfen.

- Ergänzung des herkömmlichen Linienbetriebs durch nachfragegesteuerte Betriebsformen.

    Die starken räumlichen und zeitlichen Schwankungen der Verkehrsnachfrage machen eine ausschließliche Bedienung im herkömmlichen Linienbetrieb mit großen Bussen unwirtschaftlich. Lediglich bei der hohen und bündelungsfähigen Verkehrsnachfrage im Schüler- und Berufsverkehr ist eine solche Betriebsform sinnvoll. Außerhalb des Schüler- und Berufsverkehrs besteht in der Regel eine geringe und disperse Verkehrsnachfrage. Um auch unter diesen Bedingungen einen bezahlbaren ÖPNV anbieten zu können, ist der Einsatz nachfragegesteuerter Betriebsformen unerlässlich.

- Bessere Verzahnung des allgemeinen ÖPNV mit dem Schülerverkehr.

    In den meisten Landkreisen ist das vorhandene ÖPNV-Angebot durch die Integration des ehemals freigestellten Schülerverkehrs in den allgemeinen ÖPNV entstanden. Dadurch hat zwar der Umfang des Angebots stark zugenommen, ein Großteil der Fahrten findet jedoch nur an Schultagen und zu den Zeiten des Unterrichtsbeginns und Unterrichtsendes statt. Man kann deswegen beim heutigen ÖPNV fast von einem durch zusätzliche Fahrten ergänzten Schülerverkehr sprechen. In dieser Form kann der ÖPNV seine Aufgabe der Daseinsvorsorge für alle Bürger jedoch nicht erfüllen. Um aus dieser Sackgasse heraus zu kommen, sollte ein Paradigmenwechsel vollzogen werden: Der allgemeine ÖPNV muss wieder zur Grundlage des ÖPNV insgesamt werden, die Schüler müssen soweit wie möglich den allgemeinen ÖPNV benutzen und nur, wenn aufgrund der hohen räumlichen und zeitlichen Konzentration des Schülerverkehrs die Kapazitäten des allgemeinen ÖPNV für die Schülerbeförderung nicht ausreichen, sind zusätzliche Fahrten anzubieten.

- Verbesserung der Planungsmethodik unter Nutzung der Möglichkeiten der EDV.

    Das im ländlichen Raum in der Regel verwendete Planungsinstrumentarium ist eher handwerklicher Art und weniger theoriegeleitet. Es liefert kein im Hinblick auf die Angebotsqualität und den Betriebsaufwand optimales Ergebnis. Hierfür müssen Verfahren eingesetzt werden, welche die vielfältigen Zusammenhänge zwischen Angebotsqualität und Betriebsaufwand besser berücksichtigen. Dabei ist die Nutzung der EDV in Form rechnergestützter Verfahren unerlässlich. Voraussetzung für ein optimales Planungsergebnis ist auch die Definition von Zielen, an denen sich die Bewertung des vorhandenen Zustandes messen lässt, und welche die Richtschnur für die Weiterentwicklung des ÖPNV sind.

Auf die Wettbewerbsproblematik wird hier nicht näher eingegangen. Es handelt sich dabei um kein ingenieurtechnisches Thema, sondern um ein juristisches. Hinzu kommt, dass die Entwicklung z. Z. sehr stark in Fluss ist und sich z. T. gegensätzliche Interpretationen der Gesetzeslage finden. Außerdem sind die in diesem Buch behandelten technischen Fragen weitgehend unabhängig davon, in welcher Form die zu erbringenden Leistungen vergeben werden. Angesprochen ist allein die planende Instanz. Nach der heutigen Rechtslage sind dies die kommunalen Gebietskörperschaften in ihrer Funktion als Aufgabenträger oder die von ihnen mit der Planung beauftragten Ingenieurbüros.

Bei den nachfragegesteuerten Betriebsformen konnte auf Erfahrungen zurückgegriffen werden, die der Lehrstuhl für Verkehrs- und Stadtplanung der TU München im Rahmen des Forschungsprojektes „MOBINET" im Landkreis Erding (vgl. BUSCH, F., DIETSCH, S., KIRCHHOFF, P., 2004) und im Rahmen des Forschungsprojektes „MOB2" (vgl. KIRCHHOFF, P., KLOTH, H., TSAKARESTOS, A., 2005) gesammelt hat, sowie auf Vorarbeiten, die im Zusammenhang mit den Bedarfsbus-Probebetrieben in Friedrichshafen und Wunstorf geleistet worden sind (vgl. KIRCHHOFF, P., 1980).

Die hier dargestellte Planungsmethodik basiert auf Ergebnissen des Arbeitsausschusses „Grundsatzfragen der Verkehrsplanung" der Forschungsgesellschaft für Straßen- und Verkehrswesen, in dem der erstgenannte Autor maßgeblich mitgearbeitet hat, sowie auf Erkenntnissen des Lehrstuhls für Verkehrs- und Stadtplanung der TU München aus der Erarbeitung von Verkehrsentwicklungsplänen für mittlere Städte.

2 Flexible Betriebsweise

2.1 Entwicklung nachfragegesteuerter Betriebsformen

Üblicherweise wird bei alternativen Betriebsweisen von „Bedarfsverkehr" und „Bedarfsbus" gesprochen. Hier wird abweichend davon einer Definition von KIRCHHOFF, 2002 gefolgt:

> *„Verkehrsbedarf entsteht, wenn zur Durchführung von Aktivitäten der Ort gewechselt werden muss. Verkehrsnachfrage entsteht, wenn der Verkehrsbedarf mit einem bestimmten Verkehrsmittel realisiert wird. Bei einem idealen Verkehrsangebot sind Verkehrsbedarf und Verkehrsnachfrage identisch. Je schlechter das Verkehrsangebot ist, desto geringer ist der Anteil des Verkehrsbedarfs, der in Verkehrsnachfrage umgesetzt wird."*

Wenn man von dieser Definition ausgeht, orientiert sich zwar die Planung eines ÖPNV-Systems am Bedarf, die Steuerung des Fahrtablaufs hängt aber von der Nachfrage ab. Deshalb wird hier nicht von „bedarfsgesteuert", sondern von „nachfragegesteuert" gesprochen.

Die Idee der nachfragegesteuerten Betriebsweise geht zurück auf die „Dial-a-bus"-Systeme in den USA. In Deutschland begann die Entwicklung in den 70er Jahren mit den vom damaligen Bundesministerium für Forschung und Technologie geförderten Forschungsprojekten „RUFBUS" im Landkreis Friedrichshafen und „RETAX" im Landkreis Wunstorf bei Hannover. Federführend waren die Firmen DORNIER und MBB. Ihnen oblag die Systemdefinition und die Entwicklung der Software zur Steuerung des Fahrtablaufs. Das betriebliche Know-how trug die Hamburger Hochbahn bei. Insbesondere das Projekt in Friedrichshafen ist vor allem daran gescheitert, dass der bis dahin übliche Linienbetrieb zunächst vollständig durch nachfragegesteuerten Betrieb ersetzt wurde, und zwar auch dort, wo konzentrierte Verkehrsströme auf die Mittelzentren zuliefen. Die später vorgenommene Differenzierung der Betriebsformen entsprechend der Verkehrsnachfragestruktur kam zu spät.

Anfang der 80er Jahre benutzte FIEDLER zur Bedienung nachfrageschwacher Gebiete Anruf-Sammeltaxis (AST). Das System AST ist in vielen Landkreisen und Kleinstädten inzwischen erfolgreich im Einsatz, allerdings meist als Alternative zum herkömmlichen ÖPNV und teilweise für Sonderaufgaben wie den Behindertentransport oder den Transport zu Veranstaltungen. Die Betriebsform des AST sind in der Schrift „Differenzierte Betriebsweisen" des Verbandes Deutscher Verkehrsunternehmen 1994 dargestellt worden. Inzwischen gibt es eine Reihe von Abwandlungen und Weiterentwicklungen. Die Bedienung erfolgt entweder von Haltestelle zu Haltestelle oder von Haustür zu Haustür. Dabei gibt es sowohl fahrplangebundene Betriebsformen als auch fahrplanungebundene. Während die Steuerung des Fahrtablaufs anfangs manuell durchgeführt wurde, haben sich im Laufe der Zeit zunehmend rechnergestützte Verfahren durchgesetzt. Eine Zusammenstellung der bis zum Jahr 2000 entstandenen Systeme findet sich bei MEHLERT (2001).

Auch im europäischen Ausland sind eine Reihe nachfragegesteuerter Bussysteme entstanden. In den von der EU geförderten Forschungsprojekten SAMPO und SAMPLUS wurden solche Systeme analysiert und ihr Verbesserungspotential ermittelt. Hierüber veröffentlichte ebenfalls MEHLERT (2001 und 2002). Seit 1995 ist in der Schweiz das nachfragegesteuerte System „Publicar" im Einsatz. Es wurde von der schweizerischen Postauto-Gesellschaft mit Unterstützung der Volkswagen AG entwickelt. Als Ergänzung des Linienverkehrs fahren Kleinbusse mit 14 Sitzplätzen in einem nachfragegesteuerten Tür-zu-Tür-Verkehr. Eine Beschreibung des Systems findet sich bei HEINZE, LANDOLF und MEHLERT (1999). Bis zum Juni 2002 wurde das System auf 33 Schweizer Regionen ausgedehnt.

In einer anderen Entwicklungslinie, die von KIRCHHOFF ausging und die negativen Erfahrungen aus den Probebetrieben „RUFBUS" und „RETAX" berücksichtigte, wurden verschiedenartige Betriebsformen untereinander und mit dem herkömmlichen Linienbetrieb verknüpft. Erste Definitionen der flexiblen Betriebsformen und der organisatorischen Möglichkeiten ihrer Realisierung finden sich bei SCHUSTER (1992). Dieses Vorgehen ermöglicht es, Verkehrsnachfragestrukturen zu bedienen, für die weder eine ausschließliche Bedienung im herkömmlichen Linienbetrieb noch eine ausschließliche Bedienung mit Anrufsammeltaxi geeignet ist.

Wenn zur Bewältigung unterschiedlicher Nachfragekonzentrationen verschiedene Betriebsformen zum Einsatz kommen, wird von „Kombinierter Betriebsweise" gesprochen, und wenn sich die Betriebsformen oder ihre Kombination im Laufe des Tages in Anpassung an die Nachfrageschwankungen ändern von „Flexibler Betriebsweise". Im Jahre 1999 war der damalige Wissensstand über flexible Betriebsweisen von HEINZE, KIRCHHOFF und KÖHLER (1999) in einem Handbuch des Bundesministeriums für Verkehr zusammengefasst worden.

Das System der flexiblen Betriebsweise wurde zunächst anhand von Anwendungsfällen im Landkreis Erding (Bayern) entwickelt und erprobt. Die Bedienung erfolgt ausschließlich an festen Haltestellen und nach Fahrplan. Ein solcher Betrieb erfüllt am ehesten die Voraussetzungen für eine Genehmigung gemäß § 42 Personenbeförderungs-Gesetz (PbefG). Die Entwicklung und Erprobung war zum Schluss in das vom Bundesministerium für Bildung und Forschung im Rahmen des Forschungsprogramms „Mobilität in Ballungsräumen" geförderte Münchener Projekt „MOBINET" eingebunden. Anschließend wurde ein Gesamtsystem im Landkreis Grafschaft Bentheim (Niedersachsen) geplant und in wichtigen Teilen realisiert. Dieses Projekt war Bestandteil des vom Bundesministerium für Bildung und Forschung (BMBF) im Rahmen des Forschungsprogramms „Personenverkehr in der Region" geförderten Projekts „MOB[2].

2.2 Merkmale der Betriebsformen

Bei den Betriebsformen werden folgende Ausprägungen unterschieden:

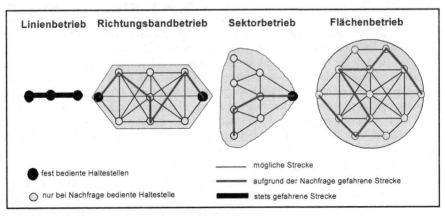

Bild 2.2-1: Betriebsformen

Hier werden bewusst keine Produktnamen wie z. B. „AST" verwendet, sondern geometrische Formen – korrekterweise müsste statt von Richtungsband von Korridor gesprochen werden, aber der Begriff Richtungsband hat sich inzwischen eingebürgert. Er leitet sich aus dem von GRESCHNER 1984 definierten „Wegeband" ab. Das System AST verwendet sowohl die Form des Richtungsbandes als auch die Form des Sektors, ohne diese Begriffe als Kennzeichnung der Betriebsform zu verwenden. Es beschränkt sich außerdem auf den Einsatz von Taxis. Dagegen können die hier genannten Betriebsformen mit unterschiedlichen Fahrzeugtypen betrieben werden.

Der Flächenbetrieb ist die allgemeinste Betriebsform. Sie ähnelt dem Betriebsablauf im MIV, bei dem jeder Punkt mit jedem anderen Punkt verbunden werden kann. Alle Haltestellen werden jeweils nur bei Nachfrage bedient. Eine Anfangs- oder Endhaltestelle gibt es nicht. Da die Verkehrsbeziehungen im ländlichen Raum überwiegend auf den nächst höheren zentralen Ort oder auf Verknüpfungshaltestellen mit übergeordneten ÖPNV-Systemen ausgerichtet sind, bleibt die Anwendung des räumlich unstrukturierten Flächenbetriebs die Ausnahme.

Der Sektorbetrieb ist eine Einengung des Flächenbetriebs auf einen räumlich abgegrenzten (sektoralen) Teil der Fläche. Aus dem Sektor heraus wird der Verkehr auf eine zentrale Haltestelle hin gesammelt oder von dort aus in den Sektor verteilt. Einzige feste Haltestelle ist die zentrale Haltestelle. Verteilerfahrten gehen ohne Endhalt in Sammelfahrten über. Gefahren wird nur, wenn an den Haltestellen in der Fläche ein Fahrtwunsch besteht. Um die Routen nicht zu lang und die Umwege nicht zu groß werden zu lassen, müssen bei einer großen Nachfrage oder einer großen seitlichen Ausdehnung des Sektors mehrere Fahrzeuge gleichzeitig eingesetzt werden. Die Aufteilung dieser Fahrzeuge auf die verschiedenen Haltestellen wird nicht von vorn herein festgelegt, sondern ergibt sich aus der räumlichen Verteilung der Nachfrage. Die Anzahl der einzusetzenden Fahrzeuge hängt von ihrer Kapazität und dem zulässigen Umweg ab. An der zentralen Haltestelle ist der Sektor in der Regel mit einem höherrangigen Verkehrssystem verknüpft und dient als Zubringer und Abbringer dieses Verkehrssystems.

Die Ausprägung des Linienbetriebs, der den Gegenpol zum Flächenbetrieb darstellt, ist allgemein bekannt und wird deshalb hier nicht weiter erläutert. Aber auch der Linienbetrieb kann nachfrageabhängig ablaufen: Es finden nur diejenigen Umläufe statt, bei denen Nachfrage besteht. Bei fehlender Nachfrage an einzelnen Zwischenhaltestellen werden, sofern das Straßennetz dies zulässt, Abkürzungen gefahren. Diese Betriebsform ähnelt dann dem Richtungsbandbetrieb.

Der Richtungsbandbetrieb ist eine räumliche Ausweitung der Linie („route deviation"). Wie die Linie dient es der Verbindung zwischen zwei Punkten. Im Gegensatz zur Linie werden jedoch Haltestellen abseits des direkten Weges bei Nachfrage in die Bedienung einbezogen. Die Fahrzeuge verkehren wie im Linienbetrieb in Form von Umläufen. Die Fahrzeuggröße und die Fahrtenfolge richten sich nach der Höhe des Verkehrsaufkommens. Fahrten können ausgelassen werden, wenn Fahrtwünsche weder in der einen Richtung noch in der anderen Richtung vorhanden sind. Andernfalls wird in der nicht nachgefragten Richtung auf kürzestem Wege und ohne Bindung an die Haltestellen gefahren. Dies erfordert Anmeldezeiten, die mindestens so lang sind wie die Fahrzeit in beiden Richtungen zusammen. Sie können nur dann reduziert werden, wenn unabhängig von der Nachfrage stets in beiden Richtungen gefahren wird. Unzumutbare Fahrzeiten werden durch die Begrenzung der Breite des Richtungsbandes vermieden.

Diese Sichtweise der verschiedenen Betriebsformen charakterisiert den herkömmlichen Linienbetrieb mit festen Routen und einer von der aktuellen Nachfrage unabhängigen Haltestellenbedienung als einen Grenzfall der nachfragegesteuerten Betriebsformen. Da der Fahrtablauf früher wegen fehlender technischer Mittel nicht on-line gesteuert werden konnte, war der Linienbetrieb die einzig mögliche Betriebsform.

Die Betriebsformen lassen sich miteinander kombinieren, z. B. in Form nachfrageabhängiger Abweichungen vom Linienweg, einer abschnittsweisen Aufweitung einer Linie zu einem Richtungsband oder eines am Anfang oder Ende einer Linie angehängten Sektors:

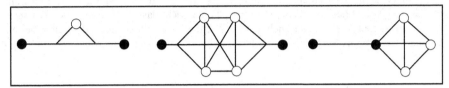

Bild 2.2-2: Beispiel für die Kombination der verschiedenen Betriebsformen

Die nachfragegesteuerten Betriebsformen können entweder räumlich fixierte Haltestellen aufweisen oder eine Tür-zu-Tür-Bedienung anbieten. Sie erfordern eine Anmeldung von Fahrtwünschen und eine Steuerung des Routenverlaufs.

Im Flächenbetrieb werden die Haltestellen je nach zeitlichem Auftreten der Fahrtwünsche zu zufälligen Zeitpunkten bedient. Einen Fahrplan mit definierten Abfahrtszeiten an den Haltestellen kann es deshalb nicht geben. Die Haltestellen des Sektor- und Richtungsbandbetriebs weisen dagegen wie beim Linienbetrieb definierte Abfahrtszeiten auf. Sie können jedoch aufgrund der stochastischen Eigenschaft des Fahrtablaufs (abhängig davon, welche Zwischenhaltestellen bedient werden müssen) nur innerhalb bestimmter Spielräume (z. B. 5 Minuten) eingehalten werden.

Um beim nachfragegesteuerten Betrieb die Schwankungen in den Abfahrtszeiten an den Haltestellen nicht zu groß werden zu lassen, wird eine frühest zulässige Abfahrtszeit definiert, die auch in den Fahrplan als Abfahrtszeit Eingang findet. Sie wird aufgrund der Wahrscheinlichkeitsverteilung des Auftretens bestimmter Routen ermittelt. Eine spätere Ankunft an der Haltestelle gilt bis zu einem bestimmten Wert als systemspezifische Fahrplantoleranz. Eine Toleranz von 5 Minuten erscheint aufgrund der bisherigen Erfahrungen mit nachfragegesteuerten Betriebsformen unproblematisch. Erst danach treten Verspätungen auf. Diese Zusammenhänge sind in der nachfolgenden Abbildung dargestellt:

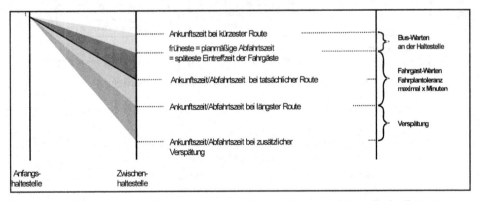

Bild 2.2-3: Definition von Abfahrtszeiten bei nachfrageabhängiger Haltestellenbedienung

Im Fahrplan sind die frühestmöglichen Abfahrtszeiten und die dem nachfragegesteuerten Betrieb eigenen Zeittoleranzen angegeben.

Hauptanbieter von ÖPNV-Leistungen im ländlichen Raum sind die aus der Bundesbahn und der Bundespost hervorgegangenen Regionalverkehrsgesellschaften, kreiseigene Verkehrsunternehmen sowie private Busunternehmer unterschiedlicher Größe und Struktur. Dieses Spektrum kann durch Taxiunternehmen erweitert werden, die Sammeltaxis oder Kleinbusse einsetzen. Die Taxiunternehmen besitzen eine hohe Flexibilität. Denkbar ist aber auch, dass der Einsatz von Sammeltaxis durch die beauftragten Verkehrsunternehmen erfolgt, die Sammeltaxis entweder selbst betreiben oder Taxiunternehmen als Subunternehmer beauftragen. Letzteres erleichtert die Handhabung der Konzessionen.

2.3   Einsatz der Betriebsformen

Die Betriebsformen eignen sich jeweils für bestimmte Strukturen der Besiedlung:

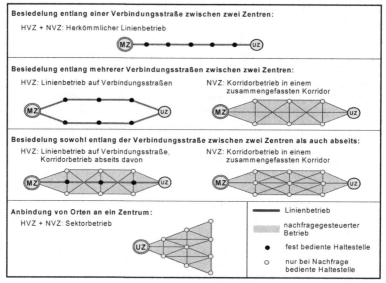

MZ: Mittelzentrum, UZ: Unterzentrum oder Grundzentrum,
HVZ: Hauptverkehrszeit Mo-Fr 6-9, 12-14 und 16-19 Uhr, NVZ: Normalverkehrszeit, Mo-Fr 9-12, 14-16 Uhr

Bild 2.3-1: Zuordnung der Betriebsformen zur Struktur der Besiedlung.

Der Einsatz der Betriebsformen orientiert sich damit am zentralörtlichen System des ländlichen Raums:

- Das Oberzentrum ist mit den Mittelzentren durch Linienbetrieb oder – bei einer korridorförmigen Besiedlungsstruktur – durch Richtungsbandbetrieb verbunden.

- Die Verbindung der Orte ohne zentrale Funktion mit dem nächstgelegenen Unterzentrum erfolgt durch Sektorbetrieb.

Die Betriebsformen können zwischen der Hauptverkehrszeit und der Normalverkehrszeit variiert werden, z. B. indem ein Richtungsband in der Hauptverkehrszeit in mehrere parallele Linien zerlegt wird oder umgekehrt parallele Linien in der Normalverkehrszeit zu einem Richtungsband zusammengefasst werden.

2.4 Steuerung des Fahrtablaufs

Der nachfragegesteuerte Betrieb erfordert

- eine Anmeldung von Fahrtwünschen,
- eine diesen Fahrtwünschen entsprechende Bildung von Fahrtrouten.

Anmeldung von Fahrtwünschen

Die Anmeldung von Fahrtwünschen durch die Fahrgäste kann telefonisch, mittels Internet oder mittels Handy erfolgen. Telefonische Anmeldungen müssen von einem Bediensteten in einen Leitrechner eingegeben werden. Anmeldungen mittels Internet oder Handy gelangen dagegen automatisch in den Leitrechner. Der Fahrgast kann beim Einstieg in das Fahrzeug auch dem Fahrer mitteilen, wo er aussteigen will: Die gewünschte Ausstiegshaltestelle wird dann durch den Fahrer in ein Fahrzeuggerät eingegeben. Der Fahrzeugrechner ordnet den beim Einstieg geäußerten Fahrtwunsch in die bis dahin bestehende Fahrtroute des Fahrzeugs ein und überträgt ihn mittels Funk an den Leitrechner. Die Möglichkeit einer Anmeldung von Fahrten beim Fahrer erleichtert vor allem die Rückfahrt.

Bildung von Fahrtrouten

Beim Linienbetrieb ist eine Online-Bildung von Fahrtrouten nicht erforderlich, weil die Haltestellenfolge und die Wege zwischen den Haltestellen festliegen. Wenn im nachfrageabhängigen Linienbetrieb Haltestellen ausgelassen werden und sich dadurch die Möglichkeit ergibt, den Linienweg abzukürzen, muss zwischen den zu bedienenden Haltestellen der kürzeste Weg gesucht werden. Hierfür stehen Verfahren zur Verfügung, wie sie bei der Suche des kürzesten Weges im Straßenverkehr üblich sind.

Beim Richtungsbandbetrieb gilt es, den kürzesten Weg durch alle in der betreffenden Fahrt nachgefragten Haltestellen zu finden. Hierzu eignen sich Verfahren des Operation Research.

Beim Sektorbetrieb ist die Bildung von Fahrtrouten erheblich komplexer. Zunächst muss eine Zuordnung des Fahrtwunsches zu einem Fahrzeug vorgenommen und anschließend der Fahrtwunsch in die Route dieses Fahrzeugs eingebunden werden. Dabei sind die Kapazitätsgrenzen der Fahrzeuge und eine Begrenzung der Umwege zu beachten.

2.5 Kosten

Der räumlich und zeitlich differenzierte Einsatz der Betriebsformen erlaubt es, Fahrleistung (Fahrtlänge und Fahrzeit) einzusparen. Gleichzeitig kann die Haltestellendichte erhöht werden, ohne dass dadurch die Fahrleistung in gleichem Maße ansteigt. Durch die Benutzung von Fahrzeugen unterschiedlicher Größe und durch die Leistungserstellung durch Verkehrsunternehmen unterschiedlicher Art lassen sich zusätzlich Kosten einsparen.

Bei nachfragegesteuerten Betriebsformen ist die Angabe pauschaler Kosten noch schwieriger als im Linienbetrieb: Der Betriebsaufwand und damit die Kosten im nachfragegesteuerten Betrieb hängen nämlich davon ab, wie viele Haltestellen in einem Umlauf bedient werden müssen und wie lang damit die Route wird. Beim Sektorbetrieb kommt hinzu, dass bei geringer Nachfrage nicht alle angebotenen Fahrten realisiert werden müssen, sondern nur diejenigen, für die Anmeldungen vorliegen. Genaue Kostendaten ergeben sich erst, wenn der Betrieb läuft und der Aufwand gemessen werden kann. Wenn bei der Planung die Kosten halbwegs genau ermittelt werden sollen, sind eine Abschätzung der zu erwartenden Verkehrsnachfrage sowie beim Sektorbetrieb zusätzlich die Durchführung einer Simulation des Betriebsablaufs erforderlich.

Für die nachfolgende Gegenüberstellung der Kosten gelten folgende Annahmen: Die Linie und das Richtungsband haben eine Länge von 25 km, das Richtungsband bedient in einem Umlauf die Hälfte der vorhandenen Haltestellen, der Sektor wird von einem Taxi bei kontinuierlichem Einsatz bedient, während der Hauptverkehrszeit besteht ein 1-Stunden-Takt und während der Normalverkehrszeit ein 2-Stunden-Takt:

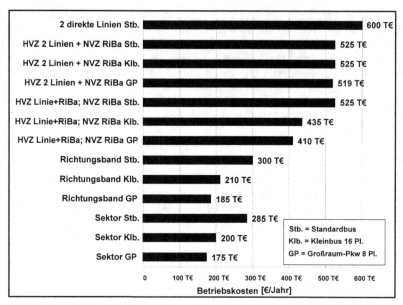

HVZ: Hauptverkehrszeit, NVZ: Normalverkehrszeit

Quelle: WILHELM, 2002

Bild 2.5-1: Betriebskosten für unterschiedliche Ausprägungen Flexibler Betriebsweisen, bezogen auf den Preisstand von 2002

In diesem Kostenvergleich sind Kosten für die Steuerung des Fahrtablaufs (Entgegennahme von Fahrtwunschanmeldungen, Festlegung der Fahrtrouten) nicht enthalten.

3 Schülerbeförderung

3.1 Bisherige Form der Schülerbeförderung und weiterführende Ansätze

Die einfachste Art der Schülerbeförderung besteht darin, die Schulen einzeln oder, wenn sie nahe beieinander liegen, in Gruppen zu bedienen und an den Haltestellen jeweils nur Schüler der betreffenden Schule(n) mitzunehmen. Die Routenbildung ähnelt dann der Tourenplanung bei Sammel- und Verteilvorgängen und erfolgt mit Hilfe des Travelling-Salesman-Algorithmus aus dem Bereich des Operations Research. Eine solche Art der Schülerbeförderung ist jedoch aufwendig, denn die Haltestellen müssen mehrfach bedient werden, und die Busse sind schlecht ausgelastet.

Aus diesem Grund muss versucht werden, die Bedienung der Schulen so weit wie möglich zu bündeln. Die Schüler können jedoch nur dann gleichzeitig von der wohnungsbezogenen Haltestelle abgeholt werden, wenn die Zeiten des Unterrichtsbeginns und des Unterrichtsendes der verschiedenen Schulen so gegeneinander versetzt sind, wie es der Fahrzeit zwischen diesen Schulen entspricht. Damit wird das Problem der Routenbildung erweitert um das Problem einer zeitlichen Staffelung der Anfangs- und Endzeiten. FÜGENSCHUH und STÖVEKEN (2005) haben ein auf Operation-Research-Ansätzen basierendes Verfahren entwickelt, das die Probleme der Routenbildung und der Schulzeitstaffelung synchron zu lösen versucht. In diesem Verfahren werden allerdings keine Kapazitätsbegrenzungen der Fahrzeuge berücksichtigt, die in der Realität bei der Schülerbeförderung eine große Rolle spielen. Außerdem zeigt die Erfahrung, dass es in der Praxis kaum möglich ist, Schulanfangs- und Schulendzeiten in größerem Umfang zu verändern, denn insbesondere bei den weiterführenden Schulen sind die Stundenpläne so komplex, dass kaum ein zeitlicher Spielraum vorhanden ist. Auch wird vielerorts ein einheitlicher Beginn um 8 Uhr gefordert. Dennoch sollte versucht werden, einen ggf. vorhandenen Spielraum für die Veränderung der Schulanfangs- und Endzeiten zu nutzen.

3.2 Alternatives Konzept der Schülerbeförderung

Weitgehende Integration des Schülerverkehrs in den allgemeinen ÖPNV

Wenn im allgemeinen ÖPNV eine flächendeckende und regelmäßige Bedienung geschaffen wird, lässt sich eine spezielle Schülerbeförderung auf „Stoßzeiten" des Schülerverkehrs begrenzen, d. h. auf eine Hinfahrt zur ersten Unterrichtsstunde, zwei Rückfahrten von der fünften und sechsten Unterrichtsstunde sowie eine Rückfahrt am Nachmittag. Hinzu kommt ggf. eine Hinfahrt für die Erstklässler der Grundschulen zur zweiten Unterrichtsstunde, falls hierfür eine Nachfrage besteht und der Mehraufwand finanziell vertretbar ist. Schüler, deren Unterricht zu den anderen Stunden beginnt oder endet, können bei einem regelmäßigen Angebot auf den allgemeinen ÖPNV zurückgreifen.

Die Aufgabenteilung zwischen zusätzlichem Schülerverkehr und allgemeinem ÖPNV orientiert sich bei dieser Philosophie an dem nachfolgend dargestellten Prinzip:

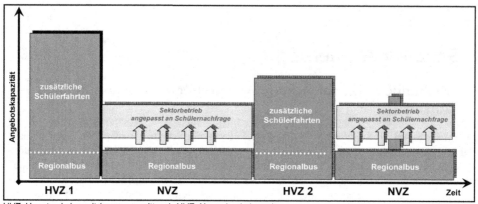

HVZ: Hauptverkehrszeit (morgens, mittags), NVZ: Normalverkehrszeit

Bild 3.2-1: Einbindung der Schülerbeförderung in den allgemeinen ÖPNV

Bei einer räumlich konzentrierten Verkehrsnachfrage durch Schüler ist zu erwarten, dass die im Sektorbetrieb eingesetzten Großraumtaxis nicht ausreichen. In einem solchen Fall müssen entweder mehrere Großraumtaxis parallel oder größere Fahrzeuge eingesetzt werden. Solche Ereignisse sind entweder vorher bekannt, wenn abweichende Zeiten für Unterrichtsbeginn und Unterrichtsende von vorn herein im Stundenplan enthalten sind, oder sie treten spontan auf, z. B. bei Erkrankungen von Lehrern oder bei Hitzefrei u. ä.. Spontane Veränderungen der Unterrichtszeiten, die größere Auswirkungen auf die Verkehrsnachfrage haben, müssen von den Schulen rechtzeitig an die Leitzentrale gemeldet werden, damit diese früh genug eine Verstärkung der Kapazitäten veranlassen kann.

Brechung der Fahrten zu den weiterführenden Schulen

Um ihren Aufwand zu reduzieren, sollte sich die Schülerbeförderung stärker als bisher an der zentralörtlichen Struktur der Landkreise orientieren und die Fahrten aus der Fläche zu den weiterführenden Schulen in den Grundzentren brechen. Die Grundzentren sind in der Regel Standorte von Grund- und Hauptschulen, so dass die Schüler dieser Schulen direkt zu ihrer Schule gebracht werden, während die Schüler der weiterführenden Schulen dort umsteigen müssen.

Die Prinzipien einer direkten Beförderung aller Schüler und der Brechung der Beförderung zu den weiterführenden Schulen sind nachfolgend einander gegenüber gestellt:

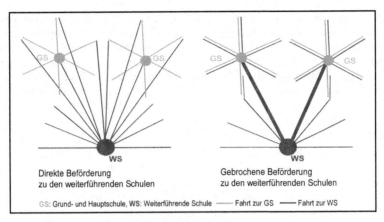

Direkte Beförderung
zu den weiterführenden Schulen

Gebrochene Beförderung
zu den weiterführenden Schulen

GS: Grund- und Hauptschule, WS: Weiterführende Schule ——— Fahrt zur GS ——— Fahrt zur WS

Bild 3.2-2:   Schemata der Schülerbeförderung

Die Beförderung zu den weiterführenden Schulen unterteilt sich damit generell in

- Sammelfahrten von der Wohnung zum Brechpunkt an der Grund- bzw. Hauptschule,
- Verbindungsfahrten vom Brechpunkt zur weiterführenden Schule.

Die Umsteigevorgänge, die bei einer gebrochenen Beförderung entstehen, sind der Preis für die Verringerung des betrieblichen Aufwandes. Eine Brechung der Fahrten zu den weiterführenden Schulen ist allerdings nur vertretbar, wenn es bei den Sammelfahrten nicht zu rückläufigen Bewegungen kommt, die von der Schule weg führen. In solchen Fällen muss anstelle einer gebrochenen, rückläufigen Fahrt eine direkte Fahrt auch zu den weiterführenden Schulen angeboten werden.

Entlang von Siedlungsachsen, die in einem zentralörtlichen System auf den höchstrangigen Ort zulaufen, kann es eine Folge von mehreren zentralen Orten in der Weise geben, dass jeder der Orte Grundschulen aufweist, einzelne zentrale Orte auch weiterführende Schulen wie Realschulen und Gymnasien besitzen, und die im Landkreis nur einmal vorhandenen Schulen, wie Berufsschulen und Fachoberschulen, im höchstrangigen Zentrum konzentriert sind. Dann gibt es Verbindungsfahrten, welche die Zentren entlang der Siedlungsachse miteinander verbinden, und Gruppen von Sammelfahrten, die jeweils auf eines der Zentren ausgerichtet sind. Diese Form dürfte in Landkreisen mit ausgeprägten Entwicklungsachsen der Regelfall sein.

Die Aufteilung der Beförderung zu den weiterführenden Schulen in Sammelfahrten und Verbindungsfahrt hat folgende Vorteile:

- Die Busse der Verbindungsfahrt können durch das Zusammenfassen mehrerer Sammelfahrten höher ausgelastet werden, als wenn die selben Busse, die sammeln, bis zur höherrangigen Schule weiter fahren würden.
- Bei den Verbindungsfahrten können bei passender Fahrplanlage die Busse des allgemeinen ÖPNV mit benutzt werden.
- Von den mit den Sammelfahrten beförderten Schülern setzt nur ein Teil die Fahrt über die Grund- und Hauptschule hinaus bis zur weiterführenden Schule fort, so dass das Fahrgastvolumen der Verbindungsfahrten geringer ist als das Fahrgastvolumen der Sammelfahrten.

Diese Vorteile bewirken, dass insgesamt Fahrzeuge eingespart werden können.

Für den Entwurf der Sammelfahrten empfiehlt es sich, die Kreisfläche um die Grund- bzw. Haupt-schule in Sektoren aufzuteilen. Bei ihrer Abgrenzung sollte man sich an natürliche Grenzen oder Bebauungsgrenzen halten. Der Entwurf der Sammelfahrten kann mit den vorn schon erwähnten Optimierungsverfahren aus dem Bereich des Operation Research erfolgen. Die zulässige Fahrzeit für die Sammelfahrt und damit der mögliche Umwegfaktor ergibt sich als verbleibende Zeit, wenn von der lt. Schülerbeförderungssatzung zulässigen Zeit für den Gesamtweg zur Schule die Zeit für den Fußweg zur Einstiegshaltestelle und von der Ausstiegshaltestelle bis zur Schule sowie die Beförderungszeit zwischen dem Verknüpfungspunkt und der Schulhaltestelle abgezogen werden.

Die Unterteilung in Sammel- und Verbindungsfahrten hat den weiteren Vorteil, dass bei einer Veränderung der Verkehrsbeziehungen bei Schuljahreswechsel nur die Sammelfahrten neu ge-plant zu werden brauchen. Eine solche Neuplanung kann ggf. auch im Übergang der Jahreszeiten sinnvoll sein, wenn im Frühjahr und Sommer stärker Fahrrad gefahren wird als im Herbst und Winter. Indikatoren hierfür sind veränderte Ein- und Aussteigerzahlen an den Haltestellen.

Bei einer solchen Veränderung des Verlaufs der Sammelfahrten ergibt sich in gewisser Weise ein nachfragegesteuerter Betrieb, allerdings nicht mit der Anmeldung eines jeden Fahrtwunsches – dies wäre den Schülern nicht zuzumuten, und die große Anzahl an Daten wäre auch kaum zu ver-arbeiten –, sondern als ein unmittelbar von der Nachfrage gesteuerter Entwurfsprozess. Bei den Verbindungsfahrten muss lediglich überprüft werden, ob die Anzahl der zu befördernden Schüler noch mit der angebotenen Kapazität übereinstimmt, oder ob Busse eingespart werden können oder zusätzliche Busse eingesetzt werden müssen.

Sammeln und Verteilen in Wellen

Das Sammeln und Verteilen der Schüler kann auf zweierlei Weise geschehen:

- Wenn die Zeiten des Unterrichtsbeginns und des Unterrichtsendes einen Zeitversatz aufwei-sen, welcher der Fahrzeit zwischen den Schulen entspricht, werden sämtliche in einem Halte-stelleneinzugsbereich wohnenden Schüler zur selben Zeit zu ihrer Schule befördert.

- Wenn die Zeiten des Unterrichtsbeginns und des Unterrichtsendes keinen oder einen zu ge-ringen Zeitversatz aufweisen, werden mehrere Fahrten erforderlich, wobei der Zeitabstand dem Unterschied der Fahrzeiten zu den verschiedenen Schulen entspricht.

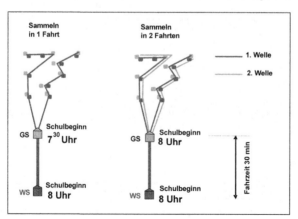

Bild 3.2-3: Möglichkeiten des Sammelns

In beiden Fällen kann es nützlich sein, den Unterrichtsbeginn und das Unterrichtsende der Schulen gegenüber dem bestehenden Zustand wenigstens etwas zu verschieben.

Eine derartige zeitliche Staffelung der Beförderung ist allerdings nur entweder für die Hinfahrt oder für die Rückfahrt möglich, weil sonst die Unterrichtsdauer für die weiterführende Schule um den doppelten Wert der Fahrzeit zwischen den beiden Schulen geringer sein müsste als für die Grundschule. Es ist aber möglich, die Rückfahrt von der fünften Stunde der weiterführenden Schule mit der Rückfahrt von der sechsten Stunde der Grundschule zusammenzufassen.

Für den Fall, dass die Erstklässler der Grundschulen regelmäßig nicht zur ersten Unterrichtsstunde beginnen, sondern erst zur zweiten, kann es notwendig werden, für diese Schüler noch ein drittes Mal zu fahren. Dies hängt davon ab, welchen Aufwand der Aufgabenträger zu treiben bereit ist und ob er solche zusätzlichen Fahrten finanzieren kann.

Die Sammelbusse können an der Grund-/Hauptschule wenden und eine erneute Sammelfahrt durchführen. Dies führt zu günstigen Umläufen dieser Busse.

Netzform des Sammelns und Verteilens

Für die Festlegung der Sammelfahrten gibt es zwei unterschiedliche Strategien:

- Auffächerung der Linien mit direktem Fahrtverlauf,
- Zusammenfassung benachbarter Linien zu einer Linie mit mäandrierendem Fahrtverlauf.

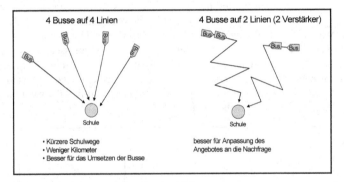

Bild 3.2-4:   Strategien der Routenbildung

Diese Strategien haben folgende Vor- und Nachteile:

- Bei genauer Kenntnis der Verkehrsnachfrage, d. h. auch des Anteils der Schüler, die zwar anspruchsberechtigt sind, den ÖPNV aber nicht benutzen, sondern mit dem Fahrrad fahren oder von den Eltern gebracht werden, ist die Anzahl der erforderlichen Fahrzeuge leicht zu ermitteln. Im Interesse kurzer Fahrzeiten für die Schüler fährt bei mehreren gleichzeitig einzusetzenden Fahrzeugen jedes Fahrzeug eine andere und möglichst direkte Route.

- Bei nur ungenauer Kenntnis der Verkehrsnachfrage oder starken Schwankungen über das Schuljahr ist die Anzahl der erforderlichen Fahrzeuge bei der Planung nicht hinreichend genau bestimmbar. In diesem Fall muss versucht werden, mit möglichst wenig unterschiedlichen Linien auszukommen und sie dann jeweils mit der aktuell erforderlichen Anzahl an Fahrzeugen zu bestücken. Diese zusammengefassten Routen sind i. a. länger als die Einzelrouten und nutzen die Zumutbarkeitsgrenzen der Schülerbeförderungssatzung stärker aus.

Bei einer Nachfrage, welche die Kapazität eines einzelnen Busses übersteigt, sind ein oder mehrere Verstärkerbusse erforderlich. Dabei sind jahreszeitliche Modifikationen möglich und teilweise auch notwendig. Die Nachteile, die solche mäandrierende Routen für die betroffenen Schüler haben, lassen sich dadurch abmildern, dass der Verstärkerbus erst an der Haltestelle einsetzt, an welcher der erste Bus gefüllt ist und der gefüllte Bus dann ohne Halt bis zum Ziel durchfährt. Dadurch ergeben sich für diesen Bus geringere Fahrzeiten, die spätere Abfahrzeiten an den ersten Haltestellen ermöglichen.

Die zweite Strategie erlaubt einen flexibleren Buseinsatz und sollte deshalb bevorzugt werden.

Optimierung der Haltestellenstandorte

Eine hohe Haltestellendichte hat kurze Fußwege von und zur Wohnung zur Folge, verursacht aber einen hohen Betriebsaufwand und lange Fahrzeiten der Busse. Bei einer geringen Haltestellendichte verhält es sich umgekehrt. Bei der Festlegung der Haltestellenstandorte muss deshalb zwischen der Fußweglänge einerseits und der Fahrweglänge und der Fahrzeit andererseits abgewogen werden, wobei allerdings kürzere Fahrzeiten auch den Schülern wieder zugute kommen.

In den Schülerbeförderungssatzungen der Landkreise sind in der Regel Grenzwerte für die zulässige gesamte Fußwegdauer von der Wohnung zur Einstiegshaltestelle und von der Ausstiegshaltestelle zum Schulgebäude festgelegt. Eine minimale Haltestellendichte ließe sich erreichen, wenn man diese Grenzwerte voll ausschöpfen würde. Dies hieße aber, den Abwägungsprozess einseitig zu Lasten der Schüler zu vollziehen und der Sparsamkeit des Betriebs höhere Priorität beizumessen. Stattdessen wird ein Mittelweg vorgeschlagen, indem die Haltestellenstandorte unter Ausschöpfung von etwa der Hälfte der zulässigen Fußwegdauer festgelegt werden: Bei kürzeren Fußweglängen wird versucht, benachbarte Haltestellen so zusammenzufassen, dass möglichst kurze Fahrwege entstehen oder sogar ganze Routen eingespart werden können. Dabei ist jedoch die Sicherheit der Fußwege zu beachten und eine Gefährdung durch den Kfz-Verkehr zu minimieren. Bei Fußwegen, welche die Hälfte der zulässigen Fußwegdauer deutlich überschreiten, werden die vorhandenen Haltestellenstandorte beibehalten.

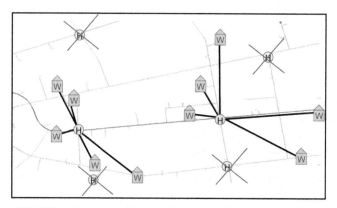

Bild 3.2-5: Zuordnung der Schüler zu den Haltestellen, Ausschnitt

Wenn eine Zuordnung der Schüler zu den Zeiten des Unterrichtsbeginns und Unterrichtsendes bekannt ist, kann der Prozess der Optimierung der Haltestellenstandorte zeitlich differenziert werden, so dass in den einzelnen Wellen des Sammelns und Verteilens (s. oben) unterschiedliche

Haltestellen bedient werden. Eine solche zeitliche Differenzierung der Haltestellenstandorte bietet sich vor allem zwischen dem Sammeln/Verteilen der Schüler der weiterführenden Schulen und der Schüler der Grundschulen an.

Abseits gelegene Haltestellen können vollständig aus der Busroute herausgenommen und durch ein Großraumtaxi mit Zubringung zu einer anderen Haltestelle des Schülerverkehrs bedient werden. Auf diese Weise kommt es zu einem Aufgabentausch zwischen den Bussen des Schülerverkehrs, die dann primär den allgemeinen Verkehr der zentral gelegenen Haltestellen bedienen, und den Großraumtaxis des allgemeinen ÖPNV, die zu den abseits gelegenen Haltestellen des Schülerverkehrs fahren. Eine derartige Vorgehensweise ist allerdings nur sinnvoll, wenn in dem betreffenden Bereich Großraumtaxis für die Bedienung des allgemeinen ÖPNV zur Verfügung stehen und die Kostenersparnis durch die Verkürzung der Busroute größer ist als die Kosten für den Einsatz der Großraumtaxis.

Anpassung an Nachfrageschwankungen

Bei den Sammel-/Verteilfahrten können Kosten eingespart werden, wenn der Fahrtablauf an Nachfrageschwankungen angepasst wird:

- Wenn mit den verschiedenen Fahrten unterschiedliche Schulen und unterschiedliche Klassen bedient werden, wird es vorkommen, dass bei der einzelnen Fahrt an bestimmten Haltestellen keine Schüler ein- oder aussteigen. Dies gilt vor allem für Haltestellen mit einem geringen Einzugsgebiet. In solchen Fällen ist es möglich, diese Haltestellen auszulassen und die Fahrtroute ggf. abzukürzen. Das Sammeln und Verteilen der Schüler wird damit zu einem nachfragegesteuerten Betrieb, wobei der jeweilige Routenverlauf und Fahrplan jedoch nicht online für jede einzelne Fahrt, sondern offline für einen zusammenhängenden Teil des Schuljahres gebildet wird.

- Wenn im Einzugsbereich von Haltestellen, die weit abseits der direkten Route zur Schule liegen, zwar Schüler wohnen, diese aber regelmäßig mit anderen Verkehrsmitteln als dem ÖPNV fahren, entstehen ein nutzloser Betriebsaufwand und eine längere Fahrzeit für die vorher zugestiegenen Schüler. Dieses Problem kann dadurch gelöst werden, dass die betroffenen Haltestellen nur bei aktueller Nachfrage bedient werden. Eine Fahrtwunschanmeldung für solche Haltestellen kann jedoch ebenfalls nicht täglich verlangt werden, sondern höchstens monatlich oder für gesamte Unterrichtsabschnitte zwischen den Ferien.

Anzahl der erforderlichen Busse

Wenn durch die Anzahl der zu befördernden Schüler die Kapazität der Busse überschritten wird, müssen Verstärkerbusse eingesetzt werden. Bei der Ermittlung der Anzahl der erforderlichen Fahrzeuge darf jedoch nicht von einer Verkehrsnachfrage ausgegangen werden, die sich ergibt, wenn alle anspruchsberechtigten Schüler den ÖPNV benutzen, denn neben der Busbenutzung fahren Schüler auch mit dem Fahrrad oder werden von ihren Eltern, ggf. in Fahrgemeinschaften, mit dem Pkw zur Schule gebracht. Umgekehrt fahren auch Schüler ohne Anspruch auf eine kostenlose Beförderung mit dem ÖPNV und zahlen selbst. Die Anteile der ÖPNV-Benutzer sind häufig nicht bekannt und vor allem in Hinblick auf die Witterung nicht stabil. Aus diesem Grund sollten die Ein- und Aussteiger stichprobenweise gezählt werden, um hieraus auf den Anteil der Schüler schließen zu können, die den ÖPNV benutzen. Eine solche Zählung kann manuell erfolgen oder besser mit Hilfe automatischer Zähleinrichtungen in einem Teil der Busse, die dann gezielt für Stichprobenerhebungen eingesetzt werden.

4 Ablauf der Nahverkehrsplanung

4.1 Planungsprozess

Bis in die 70 er Jahre wurde die Verkehrsplanung ausschließlich unter technischen und wirtschaftlichen Gesichtspunkten betrieben. Ihr Ziel bestand darin, das Angebot möglichst gut an die Nachfrage anzupassen. Die Planung reduzierte sich damit auf eine Dimensionierungsaufgabe.

Inzwischen haben neben den technischen und wirtschaftlichen Zielen auch gesellschaftliche und umweltpolitische Ziele an Bedeutung gewonnen. Um dieser veränderten Sichtweise Rechnung zu tragen, müssen die Ziele explizit formuliert und gegeneinander abgewogen werden.

Im Jahre 1979 brachte die FORSCHUNGSGESELLSCHAFT FÜR STRASSEN- UND VERKEHRSWESEN die Rahmenrichtlinien für die Generalverkehrsplanung (RaRiGVP) heraus, in denen der Ablauf einer zielorientierten Verkehrsplanung folgendermaßen dargestellt wird:

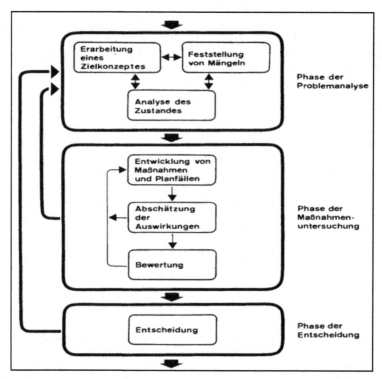

Bild 4.1-1: Ablauf des Planungsprozesses

Diese Formulierung des Planungsprozesses wurde in weiteren Technischen Regelwerken, vor allem im „Leitfaden für Verkehrsplanungen" (1985 und 2001), detailliert und ergänzt.

Bei der Festlegung von Zielen ist zu unterscheiden zwischen solchen, die durch gesetzliche Regelungen oder politische Programme vorgegeben sind und im Rahmen des Planungsprozesses nicht beeinflusst werden können, sowie solchen, die im Zuge des Planungsprozesses festgelegt werden müssen und deren gewünschter Erfüllungsgrad noch bestimmbar ist. Beide Arten von Zielen können, insbesondere wenn sie politischen Programmen entnommen werden, sehr allgemein formuliert sein und müssen deshalb in Bezug auf den jeweiligen Anwendungsfall konkretisiert werden.

Bei der Feststellung von Mängeln hat es sich als zweckmäßig erwiesen, zunächst die verschiedenen Gruppen des Entscheidungsträgers sowie lokal maßgebliche Interessenvertretungen nach ihrer Mängelsicht zu befragen. Aufbauend auf dieser subjektiven Einschätzung wird anschließend anhand einer Gegenüberstellung des Zustandes und der Ziele analysiert, wieweit die subjektiv formulierten Mängel real sind. Dabei können sich im Laufe der Zeit nicht nur der Zustand verändern, sondern auch die Ziele, so dass auch die Mängel eine zeitliche Dimension besitzen. Bei der Bewertung von Mängeln kann sich zeigen, dass bestimmte Mängel gering sind oder sich im Laufe der Zeit von selbst geben. In einem solchen Fall sind Maßnahmen nicht erforderlich und u. U. sogar schädlich. Umgekehrt kann es aber auch sein, dass zwar im vorhandenen Zustand keine Mängel bestehen, diese aber in der Zukunft absehbar sind und damit vorbeugende Maßnahmen erforderlich sind.

Der „Zustand" im Sinne des vorn dargestellten Planungsprozesses umfasst die siedlungsstrukturellen Randbedingungen des Verkehrs (Bevölkerungsstruktur, Wirtschaftsstruktur, Verkehrswege des Gesamtverkehrs), die Verkehrsnachfrage, das Verkehrsangebot einschließlich der dazugehörigen Serviceleistungen wie Information und Fahrgelderhebung sowie die Verfahren zur Steuerung des Betriebsablaufs. Zwischen diesen Zustandskomponenten bestehen Abhängigkeiten: So wird die Verkehrsnachfrage im ÖPNV unmittelbar von den siedlungsstrukturellen Randbedingungen und mittelbar vom Angebot des ÖPNV beeinflusst, während sich umgekehrt das Verkehrsangebot an die siedlungsstrukturellen Randbedingungen und die Verkehrsnachfrage anpassen muss. Eine Beeinflussung der siedlungsstrukturellen Randbedingungen durch das Verkehrsangebot ist zwar möglich, dürfte aber nur langfristig erfolgen.

Zwischen den Zielen, dem Zustand und den Mängeln bestehen Rückkoppelungen: Die Mängel werden erst deutlich, wenn man den Zustand anhand der Ziele bewertet, wobei die Gewichtung der Ziele sowie die angestrebte Zielerreichung von der Beurteilung der Mängel abhängen.

Bei der „Entwicklung von Maßnahmen" ist es wegen der komplexen Zusammenhänge meist nicht möglich, aus den Zielen unmittelbar Maßnahmen abzuleiten. Vielmehr muss der Planer aufgrund seiner Erfahrung und seiner Intuition Maßnahmen zunächst „greifen", die Auswirkungen im Hinblick auf die angestrebten Ziele ermitteln und bewerten und sie bei einer unzureichenden Zielerreichung verwerfen oder modifizieren.

Abschließend ist zu entscheiden, welche Maßnahmen realisiert werden sollen und ggf. in welcher Reihenfolge dies geschehen soll. Die Entscheidung liegt in der Hand der zuständigen politischen Gremien. Vorangehen muss eine Beteiligung der Träger öffentlicher Belange und je nach Bedeutung des Projektes auch der betroffenen Bürger.

Wegen der meist unvollständigen und teilweise auch ungenauen Eingangsdaten und der Komplexität der Wirkungsmechanismen ist es kaum möglich, die Wirkungen der Maßnahmen vor ihrer Realisierung hinreichend genau abzuschätzen. Deshalb kommt einer Erfolgskontrolle der realisierten Maßnahmen eine große Bedeutung zu. Die Phase der Erfolgskontrolle wird damit zur vierten Phase des Planungsprozesses.

4.2 Festlegung von Zielen

4.2.1 Rolle des ÖPNV

Hinsichtlich einer Aufgabenteilung zwischen dem ÖPNV und dem motorisierten Individualverkehr (MIV) fallen dem ÖPNV generell folgende Aufgaben zu:

- Vorrang bei Fahrten im Berufs- und Schülerverkehr in die Siedlungskerne sowie im Freizeitverkehr zu stark besuchten Veranstaltungen,

- Konkurrenz zum MIV bei Fahrten im Einkaufs- / Erledigungsverkehr in die Siedlungskerne,

- Daseinsvorsorge bei Fahrten innerhalb der peripheren Gebiete und zu den Randzeiten, insbesondere im Freizeitverkehr.

Um im Berufsverkehr eine vorrangige Benutzung des ÖPNV zu erreichen, genügt es nach aller Erfahrung nicht, lediglich den ÖPNV attraktiver zu machen. Vielmehr müssen parallel dazu auch Restriktionen im MIV, wie Parkgebühren in der Nähe der Arbeitsplätze, eingeführt werden. Diese Voraussetzungen sind in den Großstädten größtenteils gegeben. Im ländlichen Raum ist eine hohe ÖPNV-Angebotsqualität nicht finanzierbar, und vergleichbare Parkrestriktionen sind aufgrund des fehlenden Problemdrucks nicht durchsetzbar. Aus diesen Gründen ist im ländlichen Raum eine vorrangige Benutzung des ÖPNV durch den Berufsverkehr kaum erreichbar. Eine weitergehende Verlagerung von Berufsverkehr auf den ÖPNV wird sich jedoch ergeben, wenn, wie zu erwarten, die Kraftstoffpreise weiter ansteigen und diesem Anstieg keine entsprechenden Einkommenssteigerungen mehr gegenüberstehen.

Die Schüler und Auszubildenden unter 18 Jahren sind wegen der fehlenden Fahrerlaubnis weitgehend auf den ÖPNV angewiesen. Von dessen Güte hängt es allerdings ab, in welchem Umfang sie das Fahrrad benutzen oder von den Eltern zur Schule bzw. Ausbildungsstätte gebracht werden.

Im Einkaufs-, Erledigungs- und Freizeitverkehr kann der ÖPNV im ländlichen Raum mit dem MIV nicht konkurrieren, sondern lediglich die Aufgabe der Daseinsvorsorge für diejenigen wahrnehmen, die nicht über einen Pkw verfügen. Durch eine Verbesserung des ÖPNV-Angebots lässt sich allerdings derjenige Verkehrsbedarf reaktivieren, der bisher „verschüttet" war. Dies gilt insbesondere für jene, die bei einem schlechten ÖPNV-Angebot auf die Mitnahme durch Pkw-Fahrer angewiesen sind und bei einem besseren ÖPNV-Angebot den ÖPNV benutzen können.

Wegen dieser begrenzten Möglichkeiten des ÖPNV im ländlichen Raum ist die häufig anzutreffende Meinung, man könne mit einer Verbesserung der Angebotsqualität eine deutliche Veränderung der Verkehrsmittelbenutzung zugunsten des ÖPNV erreichen, zu relativieren. Dennoch darf man den Stellenwert des ÖPNV im ländlichen Raum nicht gering schätzen. Nur mit Hilfe des ÖPNV ist es möglich, die Mobilität auch jener Menschen zu gewährleisten, die wegen ihres Alters, aufgrund von gesundheitlichen Einschränkungen oder aus finanziellen Gründen nicht in der Lage sind, mit dem Pkw zu fahren. Diese Aufgabe des ÖPNV gewinnt zukünftig noch weiter an Bedeutung, weil der Anteil der älteren Menschen, die trotz Führerscheinbesitzes und altersgerechter Fahrerassistenzsysteme irgendwann aufhören müssen, Auto zu fahren, zunimmt. Auch wird das Einkommen der Älteren tendenziell zurückgehen. Das Angebot des ÖPNV darf sich deshalb nicht nur nach dem Nachfragevolumen richten, sondern muss Bestandteil eines politischen Konzeptes zur Erhaltung der Funktionsfähigkeit des ländlichen Raums sein.

Die Möglichkeiten für ein attraktives und wirtschaftlich vertretbares ÖPNV-Angebot hängen in hohem Maße von der Siedlungsstruktur und ihrer Weiterentwicklung ab. ÖPNV-freundlich sind Siedlungsflächen entlang von Achsen mit einer hohen Konzentration an Wohnungen oder Arbeitsplätzen. Dies gilt sowohl für großräumige Strukturen der zentralen Orte und Entwicklungs-achsen als auch für kleinräumige Strukturen innerhalb der Orte. Umgekehrt fördern leistungsfähi-ge ÖPNV-Achsen auch die Siedlungstätigkeit entlang der Achsen.

Der Aufbau eines zentralörtlichen Systems und die Ausbildung von Siedlungsachsen ist großräu-mig erfolgreich umgesetzt worden. Hierzu hat auch eine entsprechende Förderpolitik des Staates beigetragen. Kleinräumig konnte eine Beschränkung der Siedlungstätigkeit auf Siedlungsschwer-punkte und Siedlungsachsen aber nicht erreicht werden. Es entstanden und entstehen weiterhin Streusiedlungen am Rande der zentralen Orte und zwischen den Achsen. Sie erschweren eine wirtschaftliche Bedienung durch den ÖPNV und zwingen die Bewohner zur Benutzung von Indi-vidualverkehrsmitteln, zumindest als Zubringer zum ÖPNV. Aufgrund der geringeren Grund-stückspreise außerhalb der Ortskerne und zwischen den Achsen sowie des Strebens der Bevölke-rung nach Einzelhäusern auf großen Grundstücken wird die Zersiedlung auch weiterhin anhalten.

4.2.2 Konkretisierung der Ziele

Die in den Landesentwicklungs- und Raumordnungsprogrammen enthaltenen Ziele bilden einen Rahmen, in dem sich die Planung unter Berücksichtigung der oben definierten Rolle, die der ÖPNV im ländlichen Raum spielen kann und soll, der lokalen Randbedingungen und der Werthal-tungen der politischen Entscheidungsträger entfalten muss. Diese meist sehr allgemein formulier-ten Ziele müssen konkretisiert und operationalisiert werden. Dazu ist es erforderlich, umfassende Ziele wie z. B. „Verbesserung des Angebots im ÖPNV" in Einzelziele wie z. B. „Verkürzung der Fahrzeiten" oder „Erhöhung des Beförderungskomforts" zu zerlegen.

Die Operationalisierung der Ziele erfolgt mit Hilfe von

- Zielkriterien (benennen wertfrei die Art des Zieles, z. B. Erreichbarkeit von Haltestellen),

- Kenngrößen oder Indikatoren (erlauben es, ein Maß für die Zielerreichung anzugeben, ent-weder in Form von quantitativen Messwerten, z. B. Länge des Fußwegs zur Haltestelle, oder von qualitativen Beschreibungen, z. B. Ausstattung der Haltestelle),

- Anspruchsniveaus (geben an, welches Maß der Zielerreichung gefordert wird, z. B. Länge des Fußwegs nicht über 500 m oder Ausstattung der Haltestelle mit Beleuchtung),

- Zielgewichten (markieren die Bedeutung des Ziels im Verhältnis zu den anderen Zielen).

Zielkriterien, Kennwerte

Nachfolgend sind in Anlehnung an FRIEDRICH (1994) die wichtigsten Zielkriterien zusammen-gestellt, die sich aus den Anforderungen der Benutzer an den ÖPNV ergeben.

Den Zielkriterien werden Kenngrößen zugeordnet, mit deren Hilfe die Zielerreichung angegeben werden kann. Teilweise lassen sich die Kenngrößen mit Hilfe von Kennwerten objektiv quantifi-zieren (z. B. Beförderungsgeschwindigkeit) oder man muss sich dort, wo dies nicht möglich ist, auf qualitative Angaben beschränken (z. B. Ausstattung der Haltestellen) und den Zielerrei-chungsgrad subjektiv bewerten. Die Kenngrößen dienen darüber hinaus der Transmission zwi-schen den Eigenschaften des betrachteten Systems (hier ÖPNV im ländlichen Raum) und den mit der Weiterentwicklung dieses Systems verfolgten Zielen. Sie erlauben die Messung oder Be-schreibung der zielrelevanten Systemmerkmale und gleichzeitig die quantitative oder qualitative Angabe der vorhandenen bzw. angestrebten Zielerreichung.

Folgende Zielkriterien mit folgenden Kenngrößen (Messwerte oder Beschreibungen) sind für den ÖPNV im ländlichen Raum von Bedeutung:

- Erschließung
  - Länge des Weges von und zur Haltestelle,
- Verfügbarkeit
  - Betriebsdauer,
  - Fahrtenfolgezeit,
- Verbindungsqualität
  - Beförderungsgeschwindigkeit,
  - Anzahl von Umsteigevorgängen,
- Zuverlässigkeit
  - Abweichungen vom Fahrplan,
  - Gewährleistung von Anschlüssen,
- Sicherheit
  - Unfallgefährdung,
  - Gefahr krimineller Übergriffe,
- Beförderungskomfort
  - Ausstattung der Haltestelle,
  - Fahrzeugeigenschaften,
  - Besetzungsgrad der Fahrzeuge,
- Handhabbarkeit
  - Übersichtlichkeit des Angebots (Fahrplan- und Tarifstruktur),
  - Fahrgeldentrichtung,
  - Fahrgastinformation,
- Fahrpreis.

Diesen benutzerorientierten Zielen gegenüber stehen die betreiberorientierten Zielkriterien

- Kosten der Leistungserstellung,
- Einnahmen aus der Fahrgastbeförderung.

Die Kosten der Leistungserstellung hängen vom Umfang der Leistungen und von der Produktivität der Verkehrsunternehmen ab. Die Einnahmen aus der Fahrgastbeförderung ergeben sich aus der Tarifhöhe und der Anzahl der Fahrgäste. Wenn die Kosten für die Leistungserstellung nicht durch Einnahmen aus der Fahrgastbeförderung (Tarifeinnahmen, Abgeltungszahlungen für die Schüler- und Schwerbehindertenbeförderung) oder staatliche Zuschüsse (z. B. für die Fahrzeugbeschaffung) gedeckt werden können, muss der Aufgabenträger Ausgleichszahlungen leisten.

Auf die Kriterien, die im Interesse der Allgemeinheit liegen, wie z. B. Umweltbelastung, wird nicht weiter eingegangen, weil sie sich aus den Systemeigenschaften der öffentlichen Verkehrsmittel ableiten und durch die Nahverkehrsplanung kaum beeinflussbar sind.

Zielgewichte

Die einzelnen Zielkriterien haben für die ÖPNV-Benutzer je nach Gebietstyp (Stadt oder ländlicher Raum), ortsspezifischer Problemlage und ortsspezifischen Werthaltungen unterschiedliches Gewicht. Im ländlichen Raum sind die räumliche Erschließung, die zeitliche Verfügbarkeit sowie die Schnelligkeit der Reise von besonderer Bedeutung. Wichtig, allerdings in geringerer Gewichtung, sind die Zuverlässigkeit, der Beförderungskomfort, die Tarifstruktur und die Tarifhöhe sowie die Handhabbarkeit des Systems (Übersichtlichkeit des Fahrplans und des Tarifs, Art der Fahrgastinformation und der Fahrgeldentrichtung). Die Gewichtung ist dabei abhängig vom Fahrtzweck. Die Sicherheit spielt im Busverkehr nur eine geringe Rolle; die Sicherheit vor kriminellen Übergriffen ist durch die Anwesenheit des Fahrers gegeben.

Bei der Festlegung der Zielgewichte handelt es sich um eine politische Entscheidung.

Anspruchsniveaus

Der Begriff „Anspruchsniveau" bezeichnet die angestrebte Zielerreichung. Ausgedrückt wird das Anspruchsniveau durch einen kardinalen Zielwert oder eine nominale Zielqualität für die den Zielkriterien zugeordneten Kenngrößen.

Die Frage, in welcher Weise und von wem die Anspruchsniveaus festgelegt werden, hängt wesentlich von der Rolle ab, die dem ÖPNV beigemessen wird. Wenn der ÖPNV den Marktgesetzen gehorchen würde, d. h. wenn die Kosten für die Leistungserstellung durch die Einnahmen der Fahrgastbeförderung zu decken wären, müssten sich die Anspruchsniveaus nach den Anforderungen der Kunden richten und müssten von den Verkehrsunternehmen festgelegt werden. Der ÖPNV im ländlichen Raum ist heute jedoch in erheblichem Umfang auf Zuschüsse der öffentlichen Hand angewiesen, so dass die Anspruchsniveaus von den Aufgabenträgern festgelegt werden müssen. Sie sind das Ergebnis eines Abwägungsprozesses zwischen den Zielen, die mit dem ÖPNV verfolgt werden und den hierfür aufzubringenden finanziellen Mitteln.

Anspruchsniveaus sind häufig in fachlichen Abhandlungen zu finden, wobei ihnen z. T. sogar Richtliniencharakter beigemessen wird. Die Verfasser dieser Abhandlungen berufen sich dabei häufig auf Kundenanforderungen, die mit Hilfe von Kundenbefragungen ermittelt wurden. Eine solche Betrachtungsweise lässt jedoch außer Acht, dass Anspruchsniveaus keine fachlich ableitbaren Größen sind, sondern politischen Entscheidungen entspringen. Für den konkreten Planungsfall bilden die fachlichen Abhandlungen Ausgangsgrößen für die Anspruchsniveaus, die jedoch entsprechend der Werthaltungen der lokalen Entscheidungsträger kritisch hinterfragt und ggf. modifiziert werden müssen.

Für den Schülerverkehr gelten spezielle Anspruchsniveaus, die in gesetzlichen Regelungen über die Schülerbeförderung und/oder in Schülerbeförderungssatzungen festgelegt sind. Sie betreffen den Zeitbedarf für den Weg zur Schule sowie die Wartezeit vor Unterrichtsbeginn und nach Unterrichtsende. Hierbei handelt es sich ebenfalls um politische Festlegungen und nicht um fachlich bestimmbare Werte.

4.3   Analyse des Zustands

4.3.1   Siedlungsstrukturelle Randbedingungen

Die siedlungsstrukturellen Randbedingungen sind soweit zu analysieren, wie sie das ÖPNV-System beeinflussen. Sie werden zweckmäßigerweise gruppiert nach

- Lage und funktionale Gliederung des Gebietes,
- Bevölkerungsstruktur,
- Wirtschaftsstruktur (u. a. Berufsverkehr),
- Bildungseinrichtungen (u. a. Schülerverkehr),
- Soziale Einrichtungen (soziale Aufgabe des ÖPNV),
- Freizeiteinrichtungen (Freizeitverkehr).

4.3.2   Verkehrsnachfrage

Die Nachfrage nach ÖPNV-Leistungen wird durch die Verkehrsbeziehungen zwischen den Verkehrszellen beschrieben. Die Verkehrszellen sind räumliche Einheiten, die mit den Gemeinden oder bei größeren Gemeinden mit Gemeindeteilen identisch sind. Bei den Verkehrsbeziehungen ist zu unterscheiden zwischen der relativen und der absoluten Größe. Die relative Größe bestimmt die Netzform (Verlauf der Linien, Richtungsbänder und Sektoren) und die absolute Größe die Netzleistung (notwendige Kapazitäten). Die Summe aller Verkehrsbeziehungen bildet die Verkehrsnachfrage.

Zwischen Verkehrsnachfrage und Verkehrsangebot besteht eine Rückkoppelung: Die Verkehrsnachfrage ist Ausgangsgröße für die Festlegung des Angebots, wird aber gleichzeitig von der Qualität des Angebots bestimmt. Bei einer kausalen Ermittlung der Verkehrsnachfrage aus ihren Einflussgrößen ist es deshalb notwendig, das Verkehrsangebot zu antizipieren.

Die vorhandene Verkehrsnachfrage kann durch die Befragung der Verkehrsteilnehmer entweder in den Haushalten oder im Verkehrsmittel ermittelt werden. Die Verkehrsnachfrage der Schüler ergibt sich aus deren Wohnorten. Dabei ist aber zu berücksichtigen, dass nicht alle Schüler den ÖPNV benutzen, sondern z. T. mit dem Fahrrad fahren oder von ihren Eltern gebracht und wieder abgeholt werden. Die Ermittlung der zukünftigen Verkehrsnachfrage setzt dagegen Prognoseberechnungen voraus, die üblicherweise anhand mathematischer Modelle erfolgen. Das Problem solcher Berechnungen sind neben der begrenzten Abbildungsfähigkeit der Modelle fehlende oder nur mit großem Aufwand zu beschaffende Daten.

4.3.3   Straßennetz

Das Straßennetz besteht aus Knotenpunkten und Strecken zwischen den Knotenpunkten. Es ist gekennzeichnet durch die Lage und die Abmessungen der Knotenpunkte und Strecken, ihre Befahrbarkeit durch bestimmte Fahrzeuge, die zulässige Geschwindigkeit, Verkehrsregeln sowie die Belastung durch den allgemeinen Verkehr, welche die realisierbare Geschwindigkeit beeinflusst.

4.3.4 Verkehrsangebot

Die Beschreibung des Verkehrsangebots erfolgt mit Hilfe der Kenngrößen, die den Zielkriterien zugeordnet sind. Sie leiten sich aus dem Fahrplan, dem Tarifplan, der Haltestellenausstattung, den Fahrzeugeigenschaften sowie den Verfahren der Betriebssteuerung, der Fahrgelderhebung und der Fahrgastinformation ab. Für die Kenngrößen wird die jeweilige Ausprägung entweder quantitativ in Form von Kennwerten oder qualitativ in Form der Beschreibungen von Qualitäten angegeben. Bei Größen, die zeitlichen Veränderungen unterworfen sind, sollten Angaben zu ihrer absehbaren zeitlichen Entwicklung gemacht werden. Dies betrifft insbesondere die Siedlungsstruktur einschließlich des dadurch bestimmten Verkehrsverhaltens der Bewohner.

Die Kennwerte bzw. Beschreibungen der Kenngrößen lassen sich folgendermaßen gewinnen

- Länge des Weges zur Haltestelle

  Die Wegelängen ergeben sich aus der räumlichen Verteilung der Einwohner und der Haltestellenstandorte.

- Betriebsdauer, Fahrtenfolgezeit

  Betriebsdauer und Fahrtenfolgezeit lassen sich dem Fahrplan entnehmen.

- Beförderungsgeschwindigkeit

  Die Beförderungsgeschwindigkeit ist der Quotient aus der Wegelänge und der Beförderungszeit zwischen Start- und Zielhaltestelle. Als Wegelänge wird der kürzeste Weg im Straßennetz definiert. Die Beförderungszeit entspricht bei Direktfahrten der Fahrzeit und ist dem Fahrplan zu entnehmen. Bei Umsteigeverbindungen kommt die Umsteigewartezeit hinzu.

- Anzahl von Umsteigevorgängen

  Für jede Verkehrsbeziehung lässt sich die Anzahl der erforderlichen Umsteigevorgänge dem Netzplan entnehmen.

- Abweichungen vom Fahrplan, Gewährleistung von Anschlüssen

  Die Zuverlässigkeit des Betriebs wird durch eine verfrühte oder verspätete Abfahrt an der Einstiegshaltestelle oder ein verspätetes Eintreffen an der Ausstiegshaltestelle beeinträchtigt. Solche Abweichungen vom Fahrplan sind besonders schwerwiegend, wenn sie zum Verpassen eines Anschlusses führen. Fahrplanabweichungen können nur dann quantifiziert werden, wenn Messungen über den Fahrtablauf durchgeführt werden.

- Unfallgefährdung

  Unfallgefährdungen ergeben sich beim Weg zu und von der Haltestelle, wenn stark befahrene Straßen im Zu- oder Abgang der Haltestelle überquert werden müssen. Sie lassen sich nur beschreiben aber nicht messen. Lediglich an Unfallschwerpunkten liegen Daten aus der Polizeistatistik vor.

- Gefahr von kriminellen Übergriffen

  In den Bussen ist die Gefahr krimineller Übergriffe wegen der Anwesenheit des Fahrers vernachlässigbar. An den Haltestellen wird sie durch eine unzureichende Ausstattung (z. B. fehlende Beleuchtung) gefördert.

- Aufenthaltsbedingungen an den Haltestellen

  Die Aufenthaltsbedingungen hängen von der Ausstattung der Haltestelle ab, z. B. ob nur ein Haltestellenmast zur Kennzeichnung der Haltestelle vorhanden ist, ggf. mit einem zusätzlichen Fahrplanaushang, oder eine bauliche Anlage mit Informationen, Witterungsschutz, Sitzgelegenheit und Beleuchtung.

- Fahrzeugeigenschaften

  Die für den Fahrgast wichtigsten Fahrzeugeigenschaften sind der Ein- und Ausstieg sowie der Fahrkomfort. Sie lassen sich für jeden der eingesetzten Fahrzeugtypen angeben.

- Besetzungsgrad der Fahrzeuge

  Der Besetzungsgrad der Fahrzeuge muss für die Streckenabschnitte zwischen den Haltestellen ermittelt werden. Er ergibt sich aus der Platzkapazität sowie der Belastung des Streckenabschnitts. Die Belastung lässt sich mittelbar durch eine Umlegung der Verkehrsbeziehungen auf das Streckennetz gewinnen oder unmittelbar (automatisch) zählen.

- Übersichtlichkeit des Angebots

  Der Aufwand für die Fahrgastinformation ist umso geringer, je einfacher die Struktur von Liniennetz, Fahrplan und Tarif ist. Diese Strukturen müssen verbal beschrieben werden.

- Art der Fahrgeldentrichtung

  Sie hängt von der Art und der räumlichen Verfügbarkeit der Einrichtungen zum Erwerb eines Fahrscheins ab (Zahlung beim Fahrer oder an Automaten mit Barzahlung oder Kartenzahlung, automatische Fahrpreisermittlung).

- Art der Fahrgastinformation

  Bei der Fahrgastinformation muss unterschieden werden zwischen der Information über das Angebot einschließlich Fahrpreis und der Information über den Fahrtablauf während der Fahrt. Sie sind abhängig von den jeweils eingesetzten Verfahren (gedruckter Fahrplan, Telefon-, Internet-, Handyauskunft, Anzeige von geplanten und verspäteten Abfahrzeiten an den Haltestellen und/oder in den Fahrzeugen).

- Preis für die ÖPNV-Benutzung

  Tarifhöhe lt. Tarifplan.

- Kosten der Leistungserstellung

  Die Kosten der Leistungserstellung ergeben sich aus dem Mengengerüst für die Leistungserstellung und den spezifischen Preisen für die Komponenten des Mengengerüstes.

- Einnahmen aus der Fahrgastbeförderung

  Die Prognose der Fahrgeldeinnahmen basiert auf der Prognose der Fahrgastzahlen, die in ländlichen Räumen nur eine sehr begrenzte Genauigkeit aufweist, sowie der wahrscheinlichen Entwicklung der Fahrpreise.

Für die Bewertung des Angebots werden die Gewichte und die Anspruchsniveaus der Zielkriterien herangezogen. Diese Arbeiten können manuell oder rechnergestützt erfolgen. Für die Beschreibung und Bewertung des Verkehrsangebots hat FRIEDRICH (1994) ein rechnergestütztes Verfahren entwickelt.

Eine formalisierte Bewertung, wie sie üblicherweise in Form von Nutzen-Kosten-Analysen erfolgt, ist hinsichtlich der Nutzenermittlung problematisch (vgl. KIRCHHOFF, 2002): Die in der Regel vorgenommene Monetarisierung der Kennwerte bzw. der nur verbal beschreibbaren Ausprägungen ist nicht objektiv möglich, sondern hängt in erheblichem Umfang von Werthaltungen ab, die meist im Verborgenen bleiben. Auch die Wertsynthese der einzelnen Nutzenkomponenten zu einem Gesamturteil und die Bildung eines Quotienten aus dem Gesamtnutzen und den Kosten ist fragwürdig. Anstelle einer Nutzenermittlung, wie sie in Nutzen-Kosten-Untersuchungen vorgenommen wird, sollte über die Zielerreichung des Zustandes kriterienweise argumentiert werden. Im Rahmen der Bewertung reicht es aus, die Kenngrößen des jeweils untersuchten Zustandes –

dies gilt später auch für die Bewertung der Maßnahmen – den Anspruchsniveaus gegenüber zu stellen und zwar unabhängig davon, ob sie in Form von Messwerten angegeben werden können oder nur verbal zu beschreiben sind.

4.3.5 Betriebsablauf

Abweichungen von den geplanten räumlich-zeitlichen Ausprägungen des Betriebsablaufs sind mit Hilfe von Messungen (vgl. Kap. 4.9) zu quantifizieren und entsprechend auszuwerten, z. B. durch eine auf die jeweilige Bedienungseinheit bezogene Häufigkeitsverteilung. Die Verfahren zur Überwachung und Steuerung des Betriebsablaufs lassen sich nur beschreiben und über ihren Einfluss auf die Planabweichungen kann meist nur spekuliert werden. Dennoch sind Vergleiche mit anderen Anwendungsfällen für die Beurteilung der eingesetzten Verfahren oft nützlich.

4.4 Entwicklung von Maßnahmen zur Verbesserung des Angebots

Maßnahmen dienen generell dazu, die vorhandenen Eigenschaften des Systems in Richtung auf eine höhere Zielerreichung zu verbessern. Sie sind erforderlich, wenn im vorhandenen Zustand des Systems oder in seiner absehbaren Entwicklung Mängel zu erkennen sind.

Nach den Nahverkehrsgesetzen der Länder liegt es in der Zuständigkeit der Aufgabenträger, Umfang und Qualität des ÖPNV-Angebots festzulegen und den Verkehrsunternehmen als Leistungskatalog vorzugeben. Dies geschieht in Form eines Mengengerüsts für die quantifizierbaren Merkmale des Angebots und eines Anforderungskatalogs für die nicht quantifizierbaren Merkmale.

Die quantitativen Merkmale des Angebots, die in den Fahrplan und den Tarifplan einfließen, sind:

*   Netz der Linien, Richtungsbänder und Sektoren,
*   Lage der Haltestellen,
*   Betriebsdauer,
*   Fahrtenfolgezeit,
*   Fahrzeiten,
*   Verknüpfung der Netzteile untereinander sowie mit höherrangigen Systemen,
*   Tarif.

Die qualitativen Merkmale des Angebots sind:

*   Haltestellenausstattung,
*   Fahrzeugeigenschaften,
*   Art der Fahrgastinformation,
*   Art der Fahrgelderhebung,
*   Verfahren der Fahrtablaufsteuerung im nachfrageabhängigen Betrieb,
*   Verfahren der Überwachung und Steuerung des Betriebsablaufs.

Der Entwurf dieser Maßnahmen ist in Kap. 5 näher beschrieben.

Zwischen den Angebotsmerkmalen und den Zielkriterien besteht folgender Zusammenhang:

Tabelle 4.4-1: Zusammenhang zwischen den Merkmalen des Angebots und den Zielkriterien

Merkmale des Angebots:	Erschließung	Verbindung	Verfügbarkeit	Zuverlässigkeit	Sicherheit	Beförderungskomf.	Handhabbarkeit	Fahrpreis
Netz der Linien, Richtungsbänder, Sektoren	x	x					x	
Lage der Haltestellen	x							
Betriebsdauer		x	x					
Fahrtenfolgezeit		x	x				x	
Fahrzeiten		x		x				
Räumlich-zeitliche Verknüpfung der Netzelemente		x		x				
Tarif							x	x
Haltestellenausstattung					x	x		
Fahrzeugeigenschaften					x	x		
Art der Fahrgastinformation							x	
Art der Fahrgeldentrichtung							x	
Verfahren der Fahrtablaufsteuerung		x		x				
Verfahren der Betriebsüberwachung und -steuerung				x				

Die Verwaltung der für den ÖPNV zuständigen Gebietskörperschaft kann die Arbeiten für die Erstellung eines Mengengerüsts und eines Anforderungskatalogs aufgrund seiner begrenzten personellen Ausstattung in der Regel nicht selbst durchführen. Die Personalausstattung bei den Landkreisen sollte in einer Zeit, in der eine Verschlankung der Verwaltung angestrebt wird, auch nicht erweitert werden. Aus diesem Grund ist der Landkreis bei der Erfüllung seiner Planungsaufgaben auf die Unterstützung durch Planungsbüros angewiesen. Um deren Arbeit kontrollieren und den späteren Prozess der Leistungsvergabe und Leistungsüberwachung durchführen zu können, müssen bei den Aufgabenträgern dennoch eine gewisse fachliche Qualifikation und Arbeitskapazität vorhanden sein. Sie kann geschaffen werden, wenn benachbarte Landkreise gemeinsam private Planungsgesellschaften einrichten, die entweder die Planungsarbeiten selber durchführen oder das Know-how für die Kontrolle der extern durchgeführten Planungsarbeiten besitzen.

Die von den Planungsbüros eingesetzten Verfahren haben in der Regel eine eigene Datenversorgung, über welche meist nur die Planungsbüros und nicht der Landkreis verfügen können. Dies kann dazu führen, dass sich die Planungsbüros im Laufe der Zeit „Planermonopole" aufbauen, die mittelfristig hohe Planungskosten verursachen und die Kooperation zwischen den Gebietskörperschaften erschweren. Einer solchen Entwicklung kann nur entgegengetreten werden, wenn die Landkreise die Daten selbst verwalten. Auch dies ist mit Hilfe der o. g. vom Landkreis abhängigen Planungsgesellschaften möglich.

4.5 Bewertung der Maßnahmen

Bei der Bewertung der Maßnahmen wird festgestellt, wie weit

- der durch Maßnahmen veränderte Zustand dem angestrebten Zielerreichungsgrad (=Anspruchsniveau) gerecht wird,
- der durch Maßnahmen veränderte Zustand besser ist als der vorhandene Zustand.

Im ersten Fall handelt es sich um eine absolute Bewertung und im zweiten Fall um eine relative Bewertung in Form eines Vorher-Nachher-Vergleichs.

Die absolute Bewertung erfolgt in derselben Weise wie die Bewertung bei der Analyse des vorhandenen Zustands (vgl. Kap. 4.3), d. h. für die einzelnen Zielkriterien werden die Kennwerte bzw. Beschreibungen der Zielerreichung mit den entsprechenden Kennwerten bzw. Beschreibungen der Anspruchsniveaus verglichen. Die relative Bewertung fragt danach, wie weit sich zwischen dem vorhandenen Zustand und dem durch Maßnahmen veränderten Zustand Verbesserungen oder Verschlechterungen ergeben haben. Dabei sollten die Urteile für die einzelnen Zielkriterien nicht zu einem Gesamturteil zusammengefasst, sondern getrennt diskutiert werden, allerdings unter Beachtung der Gewichte, welche die verschiedenen Zielkriterien aus der Sicht des Bewerters haben.

In der Praxis ist eine Kombination aus relativer und absoluter Bewertung zu empfehlen. Dabei erfolgt zunächst eine argumentative Bewertung zwischen dem durch Maßnahmen veränderten Zustand und dem vorhandenen Zustand, und anschließend wird diskutiert, ob die Maßnahmen die Anspruchsniveaus in ausreichender Weise erfüllen. Dies geschieht getrennt für die einzelnen Zielkriterien und zwar unabhängig davon, ob die zugeordneten Kenngrößen in Werte zu fassen sind oder nur verbal beschrieben werden können. Diesen Urteilen sind abschließend die für die Realisierung der Maßnahmen erforderlichen Kosten gegenüber zu stellen.

Bei unbefriedigenden Ergebnissen einer solchen Gegenüberstellung muss versucht werden, in einem Iterationsprozess die Maßnahmen in Richtung auf eine höhere Zielerreichung zu verändern. Wenn es dabei für einzelne Zielkriterien nicht gelingt, die Anspruchsniveaus in ausreichender Weise zu erreichen und ein zusätzlicher Aufwand nicht vertretbar erscheint, müssen an den Anspruchsniveaus Abstriche gemacht werden. Nach Abschluss dieses Prozesses muss entschieden werden, ob die dafür entstehenden Kosten aufgewendet werden sollen, oder ob umgekehrt Verschlechterungen des vorhandenen Zustandes vertretbar sind, wenn man dadurch Kosten spart. Es kann sich aber auch ergeben – und dies ist das Ziel einer jeden Planung –, dass trotz Verbesserungen die Kosten sinken oder zumindest nicht steigen.

4.6 Durchsetzung und Umsetzung der Planung

Eine Mitwirkung von Verkehrsunternehmen an der Planung ist bei einer wettbewerblichen Vergabe der Leistungen widersinnig. Bei einer Direktvergabe kann das ins Auge gefasste Verkehrsunternehmen dadurch mitwirken, dass es dem Aufgabenträger Daten zur Verfügung stellt und das Planungsergebnis frühzeitig auf seine Realisierbarkeit überprüft.

Nach heutiger Auffassung erfordert die Planung – nicht zuletzt wegen ihrer Ausrichtung an explizit formulierten Zielen – eine Zusammenarbeit von politischer Instanz und fachlicher Instanz.

Aufgaben der politischen Instanz sind:

- Festlegung der Ziele,
- Entscheidung, ob die vorhandenen oder absehbaren Mängel Maßnahmen erfordern,
- Entscheidung, ob die Maßnahmen die Ziele ausreichend erfüllen.

Die Lösung dieser Aufgaben hängt von Werthaltungen ab und ist subjektiv geprägt.

Aufgaben der fachlichen Instanz sind:

- Entwurf von Maßnahmen,
- Ermittlung der Wirkungen der unterschiedlichen Zustände (ohne und mit Maßnahmen),
- Bewertung der Wirkungen der unterschiedlichen Zustände (ohne und mit Maßnahmen).

Für die Durchführung dieser Aufgaben ist Fachwissen erforderlich. Hierbei sollte so objektiv wie möglich gearbeitet werden.

Die beiden Aufgabenfelder überlappen sich in der Weise, dass die fachliche Instanz die politische Instanz bei der Erfüllung ihrer Aufgaben fachlich berät und die politische Instanz die Plausibilität der Arbeiten der fachlichen Instanz überprüft.

In einer idealen repräsentativen Demokratie genügt das Wechselspiel zwischen politischer und fachlicher Instanz, weil die Interessen der unterschiedlichen gesellschaftlichen Gruppen durch die politische Instanz vertreten werden. In unserer heutigen Ausprägung der Demokratie werden die gesellschaftlichen Gruppen jedoch selbst aktiv und versuchen, die Entscheidung der politischen Instanz in ihrem Sinne zu beeinflussen. Aus diesem Grund ist es empfehlenswert, über die gesetzlich zu beteiligenden Gruppen hinaus auch Gruppen, die von sich aus Einfluss nehmen, von Anfang an mit in die Planung einzubeziehen. Solche Gruppen sind

- unmittelbar betroffene Bürger,
- mittelbar betroffene Interessengruppen (in der städtischen Verkehrsplanung z. B. Einzelhandelsverband, Industrie- und Handelskammer, Handwerkerkammer, ADAC, VCD, Bund Naturschutz, Interessengemeinschaften von Bürgern).

Vorschriften für die Beteiligung Betroffener gibt es beim Raumordnungs- und Planfeststellungsverfahren sowie bei der Aufstellung von Bebauungsplänen, nicht jedoch bei der Verkehrsplanung.

Nach diesem Beteiligungsprozess müssen die politischen Gremien der Gebietskörperschaft über den Nahverkehrsplan entscheiden und ihn beschließen.

Vor einer Vergabe des Auftrags zur Leistungserstellung müssen die infrage kommenden Verkehrsunternehmen die Kosten kalkulieren und dem Aufgabenträger ein entsprechendes Vertragsangebot machen. Hierzu ist es notwendig, das verkehrliche Mengengerüst in ein betriebliches Mengengerüst zu überführen. Dies erfordert u. a. die Umsetzung des Rahmenfahrplans in einen Detailfahrplan sowie die Erstellung von Plänen für den Fahrzeugumlauf und den Personaleinsatz. Daraus ergeben sich genaue Werte für die Anzahl der erforderlichen Fahrzeuge, die Laufleistung der Fahrzeuge sowie die Anzahl der Fahrpersonale und ihre Dienstzeiten, die Voraussetzungen für eine genaue Kostenermittlung sind. Der Aufgabenträger muss fachlich in der Lage sein, dieses betriebliche Mengengerüst und die daraus resultierenden Kosten auf Plausibilität zu überprüfen.

4.7   Verkehrliches Controlling

Planung kann nur dann zu einem langfristigen Erfolg führen, wenn die Realisierung der Maßnahmen und ihre Wirkung regelmäßig überprüft werden. Dabei geht es um die Kontrolle,

- ob die Verkehrsunternehmen die vertraglich vereinbarten Leistungen erbringen,
- ob das verkehrliche Mengengerüst und der qualitative Anforderungskatalog den Randbedingungen und der Verkehrsnachfrage entsprechen,
- ob durch die Realisierung der Maßnahmen die gewünschten Wirkungen eingetreten sind.

Im Rahmen des Controllings werden Ergebnisdaten aus dem laufenden Betrieb mit den Planungsdaten verglichen. Solche Daten sind:

- Verkehrsnachfrage auf den einzelnen Verkehrsbeziehungen,
- Ein- und Aussteiger an den Haltestellen, differenziert nach Linienbetrieb, Richtungsbandbetrieb und Sektorbetrieb,
- Fahrzeiten zwischen den Haltestellen, differenziert nach Linienbetrieb, Richtungsbandbetrieb und Sektorbetrieb,
- Betriebsleistung und Anzahl der benötigten Fahrzeuge im Sektorbetrieb.

Die Ermittlung dieser Daten erfolgt soweit wie möglich mit Hilfe automatischer Verfahren.

Bei Abweichungen der Ist-Werte von den Soll-Werten muss geprüft werden, ob Mängel im laufenden Betrieb vorliegen und abgestellt werden können. Wenn dies nicht möglich ist, muss der Plan verändert werden (z. B. Einsatz anderer Fahrzeuggrößen, Streichung oder Einfügung von Kursen, Änderung der Betriebsform, Fahrzeitvorgaben oder räumliche Ausprägung der Linien, Richtungsbänder und Sektoren). Falls dadurch die Kosten zu hoch werden, muss man Abstriche von den Anspruchsniveaus der Ziele in Kauf nehmen.

Mittelfristig sind auch die Auswirkungen von Veränderungen in der Siedlungsstruktur zu überprüfen (z. B. Entstehung neuer Wohngebiete oder Gewerbegebiete, Änderung der Schülerzahlen und/ oder der Schulstruktur). Bei größeren Veränderungen ist der Nahverkehrsplan fortzuschreiben.

Das Controlling muss vom Aufgabenträger durchgeführt werden. Dabei kann vertraglich festgelegt werden, dass die Verkehrsunternehmen die erforderlichen Daten erfassen und dem Aufgabenträger in einer bestimmten Form vorlegen.

Unabhängig vom verkehrlichen Controlling müssen die Verkehrsunternehmen ein betriebliches Controlling durchführen, um die Wirtschaftlichkeit des Betriebs sicher zu stellen.

5 Entwurf des Angebots

Wenn der vorhandene Zustand Mängel aufweist oder diese in absehbarer Zeit erwarten lässt, müssen Maßnahmen zur Beseitigung der Mängel ergriffen werden. Dies können punktuelle Maßnahmen sein oder eine völlige Neuplanung des Angebots.

Punktuelle Maßnahmen sind sinnvoll, wenn bei einem ansonsten befriedigenden Angebot lediglich einzelne Schwachstellen vorhanden sind. Eine Neuplanung des gesamten Angebots sollte erfolgen, wenn das System grundlegende Änderungen erfährt, wie z. B. die Einführung nachfragegesteuerter Betriebsweisen, eine stärkere Integration von allgemeinem ÖPNV und Schülerverkehr oder gravierende Änderungen in den Standards der Schülerbeförderung. Nachfolgend wird der weitergehende Fall einer generellen Neuplanung behandelt. Bei punktuellen Änderungen sind aus dem Gesamtkatalog der Maßnahmen einzelne Maßnahmen herauszugreifen.

Der Entwurf beinhaltet das Angebot an Beförderungsleistungen, die mit der Beförderung verbundenen Serviceleistungen sowie die Verfahren der Steuerung des Betriebsablaufs. Ausgangspunkt für die Entwicklung solcher Maßnahmen sind die Siedlungsstruktur, die Nachfrage nach ÖPNV-Leistungen sowie das von den eingesetzten Fahrzeugen befahrbare Straßennetz.

5.1 Ermittlung der Verkehrsnachfrage

Die Verkehrsnachfrage, die sich als Folge einer Veränderung des Angebots einstellt, lässt sich im Gegensatz zur vorhandenen Verkehrsnachfrage nicht erheben, sondern muss aus der Siedlungsstruktur und den Veränderungen des Angebots abgeleitet werden. Dies erfordert die Anwendung von Modellen, mit deren Hilfe die Wirkungsmechanismen zwischen Siedlungsstruktur, Angebot und Verkehrsnachfrage nachgebildet werden. Solche Modelle wurden für städtische Gebiete entwickelt. Sie sind schon dort mit großen Unsicherheiten behaftet und können nur sehr eingeschränkt auf ländliche Räumen übertragen werden. Besonders unsicher ist die Vorhersage der Verkehrsmittelwahl. Sie hängt u. a. von der Entwicklung der Kraftstoffpreise, den sonstigen Kosten des MIV und den Tarifen des ÖPNV ab, die durch nicht vorhersehbare politische Entscheidungen bestimmt werden. Aus diesen Gründen sollte im ländlichen Raum auf eine Prognose der Verkehrsnachfrage verzichtet werden. Dies erscheint beim straßengebundenen ÖPNV auch deshalb vertretbar, weil etwaige Diskrepanzen zwischen Verkehrsangebot und Verkehrsnachfrage, soweit sie nicht das Konzept des ÖPNV grundsätzlich in Frage stellen, durch Änderungen an einzelnen Netzelementen oder an der Fahrtenfolge beseitigt werden können. Für die Nahverkehrsplanung erscheint es deshalb ausreichend, von der vorhandenen Verkehrsnachfrage auszugehen.

5.2 Veränderungen im Straßennetz

Die Bereitstellung von durch den ÖPNV befahrbare Straßen ist Aufgabe der Straßenbauträger und der Straßenverkehrsbehörden. Bei ÖPNV-bezogenen Mängeln im Straßenzustand oder in der Verkehrsregelung müssen sich die Verkehrsunternehmen an diese Behörden wenden. Dies betrifft vor allem den Ausbau von Haltestellen an den Straßenrändern, Vorfahrtsregelungen innerhalb des Straßennetzes sowie die Steuerung des Verkehrs mit Hilfe von Lichtsignalanlagen.

5.3 Fahrplan

Der Fahrplan enthält Informationen über folgende Ausprägungen des Angebots:

- Netz der Linien, Richtungsbänder und Sektoren,
- Betriebsdauer,
- Fahrtenfolgezeiten,
- Fahrzeiten (Abfahrts- und Ankunftszeiten an den Haltestellen, Fahrtdauern).

5.3.1 Netz der Linien, Richtungsbänder und Sektoren

Ausgangspunkt für den Entwurf von Linien, Richtungsbändern und Sektoren sind die Siedlungsstruktur, das Netz der befahrbaren Straßen und die Verkehrsbeziehungen.

Der Verlauf der Linien, Richtungsbänder und Sektoren sollte soweit wie möglich dem Verlauf der Verkehrsbeziehungen folgen, um möglichst direkte Verbindungen mit kurzen Wegen zu schaffen.

Für die Wahl der Betriebsform gibt es bisher noch keine allgemein gültigen Regeln. Ansätze hierzu finden sich in Kap. 2.4 (vgl. Bild 2.4-1). Die Wahl der Betriebsform richtet sich vorrangig nach den Kosten. Hierfür sind Ansatzpunkte in Kap. 2.6 angegeben (vgl. Bild 2.6-1). Im Zweifelsfall muss man für die in Frage kommenden Betriebsformen jeweils die Kosten ermitteln und einander gegenüberstellen.

Beim Netzentwurf werden zunächst die Linien festgelegt. Ihr Verlauf orientiert sich am System der zentralen Orte und bindet Orte geringerer Zentralität an Orte höherer Zentralität an. Voraussetzung für eine solche Linie ist eine für den Linienbetrieb ausreichende Konzentration der Belastung. In Gebieten mit zentral gelegenem Hauptort ergeben sich aus diesem Prinzip sternförmige Netze und bei bandförmigen Siedlungsstrukturen Linien entlang des Siedlungsbandes.

Anschließend werden Richtungsbänder gebildet, um korridorförmige Strukturen mit geringerer Konzentration der Belastung zu bedienen. Auch parallele Linien lassen sich zu einem Richtungsband zusammenfassen, wenn die Belastung der jeweiligen Linien gering ist und die dadurch entstehenden Umwege den Fahrgästen zuzumuten sind. Durch eine solche Zusammenfassung mehrerer Linien zu einem Richtungsband kann Betriebsaufwand eingespart werden, ohne dass die Angebotsqualität zu große Einschränkungen erfährt. Das Richtungsband wird zunächst intuitiv festgelegt und bei zu großen Umwegen anschließend modifiziert.

Zum Schluss folgt die Bildung von Sektoren. Sie erschließen die verbleibenden Flächen geringerer Siedlungsdichte und binden sie an die Linien oder Richtungsbänder an. Bei der Abgrenzung von Sektoren sollten natürliche Grenzen wie Flüsse oder unbesiedelte Flächen berücksichtigt werden. Auch beim Sektor muss der Entwurf in Form einer Rückkoppelung erfolgen: Die Abgrenzung der Sektoren wird zunächst intuitiv festgelegt und dann in Fällen zu großer Umwege modifiziert. Die Umwege ergeben sich im Zusammenhang mit der Bestimmung der Fahrzeiten.

Bei einem solchen Vorgehen können die Betriebsformen zu den verschiedenen Tageszeiten unterschiedlich sein.

Der Entwurf der Linien, Richtungsbänder und Sektoren, der sich am System der zentralen Orte orientiert, kann auch rechnergestützt mit Hilfe einer fortlaufenden Bündelung der Verkehrsbeziehungen durchgeführt werden (vgl. WILHELM, 2002). Wegen der geringen Freiheitsgrade bei der Wahl der Betriebsformen ist in der Regel ein manuelles Vorgehen ausreichend.

Im Zusammenhang mit dem Entwurf der Linien, Richtungsbänder und Sektoren sind auch die Haltestellen festzulegen. Die Anzahl und die Lage der Haltestellen richten sich nach der Bebauung des Bedienungsgebietes, der als zumutbar angesehenen Länge der Fußwege sowie ihrer Platzierungsmöglichkeit im Straßennetz. Bei nachfragegesteuertem Betrieb kann die Haltestellendichte erhöht werden, weil jeweils nur derjenige Teil der Haltestellen bedient zu werden braucht, an denen Ein- oder Ausstiegswünsche bestehen.

5.3.2 Betriebsdauer

An Werktagen beginnt der Betrieb in der Regel mit dem Einsetzen des Berufsverkehrs zwischen 5 und 6 Uhr und an Samstagen, Sonntagen und Feiertagen etwa 2 Stunden später. Abends endete der Betrieb bisher zwischen 18 und 20 Uhr. Seit der Verlängerung der Ladenöffnungszeiten sollte der Betrieb bis nach Ladenschluss ausgedehnt werden, was bei nachfragegesteuerten Betriebsweisen leichter möglich ist als beim herkömmlichen Linienbetrieb.

5.3.3 Fahrtenfolgezeit

Die Fahrtenfolgezeit richtet sich entweder nach der Belastung auf dem am stärksten belasteten Streckenabschnitt oder nach der aus politischer Sicht für notwendig gehaltenen Mindestbedienung.

Bei der Bemessung nach der Belastung resultiert die erforderliche Fahrtenfolgezeit aus der Kapazität der eingesetzten Fahrzeuge und der Anzahl der Fahrgäste auf dem am stärksten belasteten Abschnitt der Verbindung. Im ÖPNV des ländlichen Raums sind die Belastungen mit Ausnahme des Schülerverkehrs in der Regel so gering, dass eine Bemessung nach der Belastung nicht zum Tragen kommt, sobald man aus Gründen einer ausreichenden Attraktivität einen Mindestwert der Fahrtenfolgezeit fordert.

Wenn der lokale ÖPNV an übergeordnete ÖPNV-Systeme angebunden werden soll, muss sich die Fahrtenfolgezeit des lokalen Verkehrs nach der Fahrtenfolgezeit der übergeordneten Systeme richten. Da diese Systeme in der Regel einen stundenbasierten Takt aufweisen, muss der Takt im lokalen ÖPNV ebenfalls stundenbasiert sein. Dies gilt gleichermaßen für die Linien, Richtungsbänder und Sektoren. Ausgangspunkt bei der Festlegung der Fahrtenfolgezeit sollte ein 1-Stunden-Takt sein. Dieser Takt kann während der Hauptverkehrszeit auf einen 30-Minuten-Takt verdichtet oder während der Zeiten geringer Nachfrage auf einen 2-Stunden-Takt ausgedünnt werden.

Eine Einsparung ist möglich, wenn der 1-Stunden-Takt in den verkehrsärmeren Zeiten am Vormittag und am frühen Nachmittag auf einen 2-Std.-Takt ausgedünnt wird. Nachfolgend sind dafür ein Fahrtenprofil und ein schematisierter Einsatzplan dargestellt:

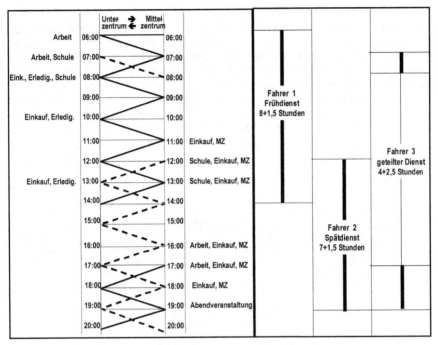

Bild 5.3-1: Fahrtenprofil für kombinierten 1-Std-/2-Std-Takt

5.3.4 Fahrzeiten

Alle hier behandelten Betriebsformen verkehren in Form von Umläufen. Lediglich der hier ausgeklammerte Flächenbetrieb (vgl. Kap. 2.1) fährt kontinuierlich zwischen allen Haltestellen ohne Anfangs- und Endhaltestelle. Während der Linienbetrieb und der Richtungsbandbetrieb sowohl eine Anfangshaltestelle als auch eine Endhaltestelle aufweisen, fallen beim Sektorbetrieb Anfangs- und Endhaltestelle in Form der Verknüpfungshaltestelle mit dem übergeordneten System zusammen: Das Verteilen geht unmittelbar in das Sammeln über; eine Haltestelle, die zwischen Verteilen und Sammeln stets angefahren wird, gibt es nicht.

Im Linienbetrieb liegt die Haltestellenfolge fest, so dass der Fahrweg und die Fahrzeit zur nächsten Haltestelle eindeutig sind. Die Fahrzeit hängt allerdings nicht nur von der Weglänge und der realisierbaren Geschwindigkeit, sondern auch von den Verkehrsbedingungen im Straßenverkehr, der Dauer des Fahrgastwechsels an den Haltestellen sowie der Fahrweise des Fahrers ab. Dadurch entstehen Fahrzeitschwankungen, die in der Regel zufälliger Art sind. Sie können aber auch systematischer Art sein, wenn z. B. die Verkehrsbehinderungen durch den Straßenverkehr in der Hauptverkehrszeit größer sind als in der Normalverkehrszeit oder insgesamt kontinuierlich zu- oder abnehmen. Die Zeit für die Fahrt von der Anfangshaltestelle zur Endhaltestelle und zurück wird als Umlaufdauer bezeichnet. Sie enthält auch Pausen- und Pufferzeiten.

Im nachfragegesteuerten Betrieb hängt die Fahrzeit zwischen zwei Haltestellen zusätzlich davon ab, welche anderen Haltestellen zwischen zwei betrachteten Haltestellen noch bedient werden. Damit steigt die Schwankungsbreite der Fahrzeit erheblich an.

Ermittlung der Fahrzeit im Linienbetrieb

Im herkömmlichen Linienbetrieb kann die vorzugebende Fahrzeit häufig älteren Fahrplänen entnommen werden. Dabei ist aber zu beachten, dass diese Fahrzeiten nicht immer der Realität entsprechen. Besser ist es, realisierte Fahrzeiten zu messen und daraus die Fahrzeitvorgabe abzuleiten. Dies kann entweder mit Hilfe von Probefahrten geschehen, wobei die Stichprobe der Messung in der Regel einen geringen Umfang hat und zu ungenauen Ergebnissen führt, oder mit Hilfe automatischer, GPS-basierter Messungen in den Fahrzeugen, die zwar auch nur Stichproben liefern, deren Umfang aber in der Regel größer ist. Bei neuen Strecken müssen die vorzugebenden Fahrzeiten mit Hilfe von Analogieschlüssen aus den Fahrzeiten anderer Strecken gewonnen werden.

Um aus gemessenen Fahrzeiten die im Fahrplan vorzugebende Fahrzeit abzuleiten, sind die Messwerte in Form einer Summenhäufigkeitskurve aufzutragen:

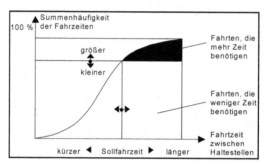

Bild 5.3-2: Festlegung der Soll-Fahrzeit zwischen zwei Haltestellen

Für eine bestimmte Fahrzeitvorgabe, die auf der Abszisse markiert wird, lässt sich auf der Ordinate die Sicherheitswahrscheinlichkeit ablesen, mit der diese Fahrzeit eingehalten wird. Die horizontale Linie trennt die Fahrten, die weniger Zeit benötigen als die im Fahrplan vorgegebene Zeit und damit einen Produktivitäts- und Schnelligkeitsverlust bewirken, von den Fahrten, die mehr Zeit benötigen und damit Verspätungen hervorrufen. Anhand dieser Darstellung kann der Entwerfer sowohl die Auswirkungen untersuchen, die unterschiedliche Fahrzeitvorgaben auf die Zuverlässigkeit haben, als auch die Fahrzeitvorgabe bestimmen, wenn eine bestimmte Sicherheitswahrscheinlichkeit für die Einhaltung des Fahrplans erreicht werden soll. Als Sicherheitswahrscheinlichkeit sollten Werte zwischen 70 % und 90 % gewählt werden. Mit steigender Sicherheitswahrscheinlichkeit steigt die Pünktlichkeit, es sinkt aber die Schnelligkeit. Näheres zur Bestimmung der vorzugebenden Fahrzeiten aufgrund von Messungen findet sich bei KIRCHHOFF (2002).

Die Umlaufdauer der Linie setzt sich zusammen aus der Fahrzeit von der Anfangshaltestelle zur Endhaltestelle und zurück zuzüglich etwaiger Pausen- und Pufferzeiten.

Die Fahrzeit der Linie zwischen Anfangs- und Endhaltestelle sollte so auf die Fahrtenfolgezeit (Takt) abgestimmt sein, dass die Standzeiten, die nicht für Pausen benötigt werden oder als Zeitpuffer zum Ausgleich von Verspätungen dienen, so gering wie möglich sind.

Wenn ein Fahrzeug z. B. bei einem 2-Std.-Takt rechtzeitig zur nächsten Fahrt wieder zurück an der Anfangshaltestelle sein soll, so ergibt sich daraus eine maximal mögliche Fahrzeit von 50 Minuten je Richtung:

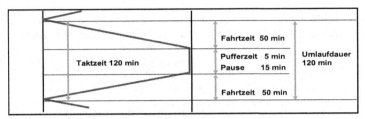

Bild 5.3-3: Zusammenhang zwischen Taktzeit und maximaler Fahrzeit je Richtung bei Linienbetrieb und Richtungsbandbetrieb

Aus diesem Zusammenhang leiten sich folgende Regeln ab:

- Sofern die Fahrzeit je Richtung über 50 und bis zu 60 Minuten liegt, ist eine Fahrerpause innerhalb der Umlaufdauer nicht mehr möglich. Stattdessen muss nach einer ununterbrochenen Lenkzeit von 4,5 Std. eine Pausenzeit von 30 Min. gewährt werden. Dies führt zu Blockpausen, die bei der Aufrechterhaltung des Taktes einen Fahrerwechsel erfordern. Dadurch verschlechtert sich der Wirkungsgrad des Fahrtablaufs.

- Wenn die Fahrzeit je Richtung 60 Minuten überschreitet, ist ein zusätzliches Fahrzeug erforderlich, das aber erst dann einen maximalen Wirkungsgrad erreicht, wenn die Fahrzeit je Richtung 105 Minuten beträgt. Bei dazwischen liegenden Fahrzeiten verschlechtert sich der Wirkungsgrad. Auch in diesem Fall ist nach dem Ende des Umlaufs eine Blockpause von 30 Minuten erforderlich.

- Wenn anstelle eines 2-Stunden-Taktes ein 1-Std.-Takt gefahren werden soll, halbieren sich die oben angegebenen Fahrzeiten oder es verdoppelt sich die Anzahl der benötigten Fahrzeuge. Nach einem Umlauf von 1 Std. braucht die Pause lediglich 10 Min. lang zu sein, so dass eine Fahrzeit maximal 22,5 Min. je Richtung betragen darf.

Ermittlung der Fahrzeiten im Richtungsbandbetrieb

Ausgangspunkt für die Ermittlung der Abfahrtszeiten an den einzelnen Haltestellen ist die Fahrzeit von der Anfangshaltestelle bis zu der betrachteten Haltestelle. Dabei ist zu unterscheiden zwischen einer minimalen Fahrzeit, die sich ergibt, wenn auf der kürzesten Route gefahren wird und keine der auf dieser Route liegenden Haltestellen bedient zu werden braucht, und einer maximalen Fahrzeit, die entsteht, wenn alle dazwischen liegenden Haltestellen bedient werden müssen. Aus dem ersten Fall leitet sich die frühest mögliche Abfahrtszeit ab und aus dem zweiten Fall die spätest mögliche Abfahrtszeit.

Die Fahrzeiten zwischen der Anfangshaltestelle und allen übrigen Haltestellen können mit Hilfe von Messungen bestimmt werden, die nach demselben Verfahren durchgeführt werden wie beim Linienbetrieb. Dies ist aber erst möglich, wenn der Betrieb läuft. Fahrzeiten aus älteren Fahrplänen stehen bei einem ersten Entwurf von Richtungsbändern in der Regel nicht zur Verfügung.

Um die Fahrzeiten schon vor der Aufnahme des Betriebs hinreichend genau ermitteln zu können, müssen wahrscheinlichkeitstheoretische Überlegungen angestellt werden. GRESCHNER (1984) gibt hierfür folgendes Verfahren an:

Für eine nur bei Nachfrage bediente Haltestelle ergibt sich eine Anfahrwahrscheinlichkeit als mittlere Anzahl der dort je Bedienungsintervall ein- oder aussteigenden Fahrgäste:

$$A_i = 1 - e^{-(EIN_{(i)} + AUS_{(i)}) / f}$$

A_i Anfahrwahrscheinlichkeit der Haltestelle i
$EIN_{(i)}$ Zahl der Einsteiger an der Haltestelle i [Fahrgäste/Zeitintervall]
$AUS_{(i)}$ Zahl der Aussteiger an der Haltestelle i [Fahrgäste/Zeitintervall]
f   Fahrtenfolge [Fahrten/Zeitintervall]

Diese Anfahrwahrscheinlichkeit der Haltestelle geht in die Wahrscheinlichkeit für Haltestellenkombinationen ein:

$$P = \prod_{i \in H} A_i \cdot \prod_{j \notin H} (1 - A_j)$$

H   Haltestellenkombination
A   Wahrscheinlichkeit, dass die Haltestellen nachgefragt werden
P   Wahrscheinlichkeit für das Auftreten einer bestimmten Haltestellenkombination

Für die jeweilige Haltestellenkombination werden anschließend die Route und die für diese Route erforderliche Fahrzeit ermittelt. Aus der Häufigkeitsverteilung, mit der die einzelnen Kombinationen auftreten, und der zugehörigen Gesamtfahrzeit ergibt sich eine Häufigkeitsverteilung der Fahrzeiten zwischen Anfangs- und Endhaltestelle. Als vorzugebende Fahrzeit wird eine Zeit gewählt, die mit einer bestimmten Sicherheitswahrscheinlichkeit (z. B. 80 %) nicht überschritten wird.

Eine solche Fahrzeitermittlung setzt voraus, dass Daten über die Anzahl der Ein- und Aussteiger an den einzelnen Haltestellen vorliegen oder entsprechende Annahmen getroffen werden können. Wenn die für eine wahrscheinlichkeitstheoretische Ermittlung der Fahrzeiten erforderlichen Daten nicht vorliegen und entsprechende Annahmen zu unsicher sind, müssen die Fahrzeiten überschlägig ermittelt werden.

Je weiter eine Haltestelle von der Anfangshaltestelle entfernt ist, desto größer wird die Wahrscheinlichkeit, dass Zwischenhaltestellen bedient werden müssen, und das Fahrzeug später als zur frühest möglichen Abfahrtszeit an der Haltestelle eintrifft. Entsprechend steigt die Wartezeit für die Fahrgäste. Eine unzumutbare Wartezeit kann nur dadurch vermieden werden, dass die frühest mögliche Abfahrtszeit mit einem Zuschlag belegt wird, der umso größer ist, je weiter die Haltestelle von der Anfangshaltestelle entfernt liegt. Dieser Zuschlag wird aus der Differenz zwischen der maximalen Fahrzeit und der minimalen Fahrzeit sowie des Anteils gebildet, mit dem diese Differenz ausgeschöpft wird:

$$T_{fr} = t_{min} + (t_{max} - t_{min})\, a$$

T_{fr} früheste (im Fahrplan genannte) Abfahrtszeit
t_{min} minimale Fahrzeit auf kürzestem Weg zur betreffenden Haltestelle ohne Zwischenhalt
t_{max} maximale Fahrzeit, wenn alle dazwischen liegenden Haltestellen bedient werden müssen
a   Anteil, mit dem die Fahrzeitdifferenz zwischen t_{max} und t_{min} ausgeschöpft wird

Der Anteil a hängt davon ab, welche Form das Richtungsband hat (gestreckt oder bauchig) und wie hoch die Verkehrsnachfrage auf dem Richtungsband ist. Sinnvolle Werte, wie sie sich aus den bisherigen Erfahrungen ergeben haben, liegen zwischen 0,2 und 0,5.

Diese Zusammenhänge werden anhand des folgenden Beispiels veranschaulicht:

Tabelle 5.3-1: Beispiel für die Fahrzeitbildung im Richtungsbandbetrieb

Ankunfts- Abfahrtszeiten an einer Haltestelle	Minute nach Abfahrt an der Ausgangshaltestelle (gerundet)			
frühest möglich, bei Fahrt auf dem kürzesten Weg ohne Zwischenhalte	10	20	30	40
Spätest möglich, bei Bedienung aller Zwischenhaltestellen	12	24	36	49
wahrscheinlich, bei z. B. 40 % iger Ausschöpfung der max. möglichen Fahrzeit = frühest zulässig, im Fahrplan angegeben	11	22	32	44
maximale Wartezeit der Fahrgäste	1	2	4	5
maximal mögliche Standzeit der Fahrzeuge bei fehlender Verkehrsnachfrage	1	2	2	4

Durch dieses Vorgehen werden die Unsicherheiten, die aus der Stochastik des Fahrtablaufs resultieren, gleichmäßig verteilt: Die Vermeidung einer überlangen Wartezeit der Fahrgäste bei hoher Verkehrsnachfrage wird erkauft durch eine Standzeit der Fahrzeuge an den Haltestellen zwischen ihrem Eintreffen und der frühesten Abfahrzeit (Fahrplanzeit) bei geringer Verkehrsnachfrage.

Für das Richtungsband gilt derselbe Zusammenhang zwischen der Fahrzeit zwischen der Anfangs- und Endhaltestelle sowie der Fahrtenfolgezeit wie beim Linienbetrieb (vgl. Bild 5.3-3)

Ermittlung der Fahrzeiten im Sektorbetrieb

Die Verknüpfung eines Sektors mit einem übergeordneten System sollte so erfolgen, dass in der Hauptrichtung der Verkehrsbeziehungen gute Anschlüsse entstehen. Hauptrichtung ist die Verbindung aus der Fläche über das nächstliegende Unterzentrum in das höchstrangige Zentrum und/oder zum SPNV. Gleichzeitige Verbindungen aus der Fläche über ein Unterzentrum in ein anderes Unterzentrum können ohne zusätzlichen Aufwand nur dann Anschlüsse erhalten, wenn sich die Fahrten beider Richtungen an der Verknüpfungshaltestelle treffen („Rendezvous"). Da in zentral-örtlichen Systemen derartige Verbindungen nur eine geringe Bedeutung haben, werden nachfolgend lediglich Verbindungen aus der Fläche über das Unterzentrum in das höchstrangige Zentrum und/oder zu übergeordneten ÖPNV-Systemen und zurück betrachtet.

Die Zeitdifferenz zwischen der Ankunft und der Abfahrt des übergeordneten Systems, abzüglich einer Pufferzeit zum Ausgleich von Fahrzeitschwankungen und für die Umsteigevorgänge, ist die verfügbare Fahrzeit für die Bedienung des Sektors. Ihr steht die Fahrzeit gegenüber, die erforderlich ist, um vom Verknüpfungspunkt zu der am weitesten entfernten Haltestelle und zurück zu fahren, einschließlich des Zeitbedarfs für Umwege. Aus dieser Zeitrelation ergeben sich folgende Bedingungen:

- Sofern die erforderliche Fahrzeit größer ist als die verfügbare Fahrzeit, können die Fahrzeuge erst an die übernächste Abfahrt des Primärsystems anbinden. Wenn auch die dazwischen liegenden Abfahrten des Primärsystems bedient werden sollen, müssen zusätzliche Fahrzeuge eingesetzt werden.

- Sofern die Zeitdifferenz zwischen Ankunft und Abfahrt des Primärsystems kleiner ist als die Fahrtenfolgezeit, entstehen für die Sektorfahrzeuge Standzeiten am Verknüpfungspunkt:

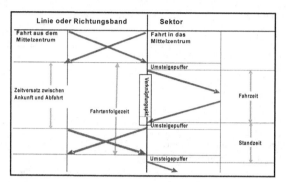

Bild 5.3-4:   Anschlussbedingungen

- Sofern die erforderliche Fahrzeit kleiner ist als die verfügbare, ergeben sich ebenfalls Standzeiten. Sie müssen an die letzte Haltestelle des Verteilvorgangs gelegt werden. Eine Zuordnung zum Verknüpfungspunkt hätten unzumutbare Fahrgast-Wartezeiten zur Folge.

Ausgangspunkt für die Ermittlung der Abfahrtszeiten an den einzelnen Haltestellen sind die Fahrzeit vom Verknüpfungspunkt bis zu der betrachteten Haltestelle auf dem kürzesten Weg ohne Zwischenhalt an anderen Haltestellen sowie ein zulässiger, im Einzelfall festzulegender prozentualer Zuschlag für Umwege. Wenn bei der Bedienung des Sektors durch ein Fahrzeug die Nachfrage größer ist als die Fahrzeugkapazität oder die zulässigen Umwege überschritten werden, sind mehrere Fahrzeuge einzusetzen, die gleichzeitig und arbeitsteilig fahren.

Im Fahrplan müssen die Ankunftszeiten bei der Verteilung der Fahrgäste und die Abfahrtszeiten beim Sammeln der Fahrgäste angegeben werden. Richtschnur für das Sammeln ist eine späteste Abfahrtszeit, um rechtzeitig zur Abfahrt des Primärsystems am Verknüpfungspunkt zu sein. Sie muss auch mögliche Umwege berücksichtigen. Im Fahrplan sollte für die (früheste) Abfahrt ein Wert angegeben werden, der z. B. 5 Minuten vor der spätesten Abfahrtszeit liegt.

Fahrzeiten können wie beim Richtungsbandbetrieb gemessen werden. Eine genaue Ermittlung der Fahrzeiten erfordert eine Simulation des Fahrtablaufs, die sich mit denselben Verfahren durchführen lässt, wie die Steuerung des Fahrtablaufs (vgl. Kap. 5.9). Wenn Nachfragedaten nicht vorliegen oder zu unsicher sind, müssen die Fahrzeiten überschlägig ermittelt werden.

Grundlage für die überschlägige Ermittlung der Fahrzeiten ist die Fahrzeit auf dem kürzesten Weg vom Verknüpfungspunkt ohne Zwischenhalt. Der zulässige Umweg wird als prozentualer Zeitzuschlag u angegeben. Gleichzeitig ist eine Annahme darüber zu treffen, mit welchem Anteil a der zulässige Umweg ausgeschöpft werden wird. Die früheste Ankunftszeit beim Verteilen und die späteste Abfahrtszeit beim Sammeln ergeben sich dann nach folgender Formel:

$$T_{fr} = t_{min} + t_{min} \cdot u \cdot a$$

T_{fr} früheste (im Fahrplan genannte) Abfahrtszeit
t_{min} frühest mögliche Abfahrtszeit (auf kürzestem Weg)
u   max. zulässiger Umwegfaktor
a   Anteil, mit dem der zulässige Umweg ausgeschöpft wird

Nach den bisherigen Erfahrungen sollte u zwischen 0,2 und 0,4 liegen; w sollte zwischen 0,2 und 0,5 angenommen werden.

5.3.5 Anzahl der einzusetzenden Fahrzeuge

Im Linien- und Richtungsbandbetrieb hängt die Anzahl der benötigten Fahrzeuge unmittelbar von der Fahrtenfolgezeit und der Umlaufdauer ab:

$$z = f \cdot u$$

z   Anzahl der benötigten Fahrzeuge,
f   Fahrten/Zeiteinheit (= Kehrwert der Fahrzeugfolgezeit),
u   Umlaufdauer.

Im Sektorbetrieb ist die Ermittlung der Anzahl der benötigten Fahrzeuge wesentlich komplexer, weil aus Kapazitätsgründen, wegen zu großer Umwege oder einer zu geringen Zeitdifferenz zwischen der Ankunft und Abfahrt des Primärsystems (vgl. Kap, 5.3.5) ggf. zusätzliche Fahrzeuge eingesetzt werden müssen. Deswegen ist die Anzahl der benötigten Fahrzeuge nur im Zusammenhang mit der Ermittlung der Fahrzeiten möglich.

5.3.6 Verknüpfung der Netzelemente

Ausgangsgrößen für die Verknüpfungen im Linien- und Richtungsbandbetrieb sind die Fahrzeiten zwischen den Verknüpfungspunkten. Begonnen wird mit der Verknüpfung am wichtigsten Verknüpfungspunkt. Dies ist in der Regel die Anbindung an ein übergeordnetes ÖPNV-System (meist Schienenpersonennahverkehr). Aus den Zeitverhältnissen an diesem Verknüpfungspunkt ergeben sich über die Fahrzeiten die Verknüpfungen an den übrigen Punkten. Diese Abhängigkeiten lassen sich in Form eines Systemfahrplans darstellen:

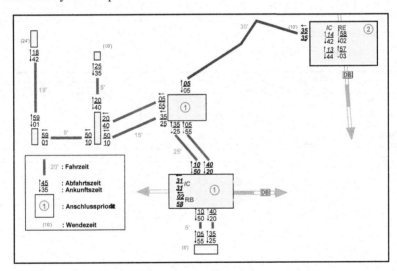

Bild 5.3-5:   Zeitliche Verknüpfung der Netzelemente

Dabei ist zu beachten, dass aufgrund der Netzgeometrie Anschlüsse meist nicht in allen Verknüpfungspunkten gleichzeitig hergestellt werden können, so dass Prioritäten zu setzen sind. Ggf. können Linienverläufe so verändert werden, dass bessere Anschlussbedingungen entstehen. Wenn die Verknüpfungszeiten festliegen, werden abschließend die Abfahrtszeiten an den einzelnen Haltestellen ermittelt.

5.3.7 Zusammenfassung der Elemente in einem Rahmenfahrplan

Die einzelnen Fahrplanbestandteile werden in einem Rahmenfahrplan zusammengefasst. Er beschränkt sich beim Linien- und Richtungsbandbetrieb auf die Angabe der Abfahrtszeiten an den Anfangs-, End- und Knotenpunktshaltestellen und liefert damit lediglich Fahrplan-Eckwerte. Beim Sektorbetrieb werden Abfahrts- und Ankunftszeiten am jeweiligen Verknüpfungspunkt mit dem übergeordneten System angegeben.

Der Rahmenfahrplan erlaubt es, bei den Linien und Richtungsbändern den betrieblichen Aufwand grob abzuschätzen. Bei Richtungsbändern wird bei der Ermittlung der Laufleistung zunächst die kürzeste Route zwischen der Anfangshaltestelle und der Endhaltestelle zugrunde gelegt. Zur Ermittlung der zusätzlichen Laufleistung durch die Bedienung von abseits der kürzesten Route liegenden Haltestellen sind Annahmen zu treffen, die so lange unsicher bleiben, wie keine Erfahrungswerte vorliegen. Auch beim Sektorbetrieb ist man anfangs auf grobe Schätzungen angewiesen, die neben der Laufleistung auch die Anzahl der einzusetzenden Fahrzeuge einschließen.

Sowohl beim Fahrzeugeinsatz als auch beim Fahrereinsatz müssen zu dem Nettoaufwand, der sich bei der Fahrgastbeförderung ergibt, zusätzliche Aufwände für Fahrten zwischen Einsetz- / Aussetzhaltestelle und Betriebshof sowie Aufrüst- und Abrüstzeiten im Betriebshof zugeschlagen werden. Dies kann in diesem Stadium des Entwurfs nur durch pauschale Werte erfolgen.

Die Rahmenfahrpläne enthalten des Weiteren Wirkungsgrade für den Fahrzeug- und Fahrereinsatz. Sie dienen als Kontrollgrößen, um Ineffizienzen schon während des Entwurfs soweit wie möglich zu vermeiden. Bei der Fahrzeugumlaufplanung ist es zulässig und teilweise auch notwendig, die im Rahmenfahrplan enthaltenen Abfahrtszeiten um wenige Minuten zu verschieben, wenn dadurch kostengünstigere Umläufe erreichbar sind. Hierfür sollte den Verkehrsunternehmen ein entsprechender Spielraum gewährt werden. Bedingung ist jedoch, dass keine wichtigen Anschlüsse verletzt werden und ein etwaiger Takt nicht durchgängig aufgebrochen wird.

Nachstehend ist ein Rahmenfahrplan für eine fiktive Linie dargestellt und erläutert:

km	t	Bus	A	B	A	B	A	A	A	B	A	A	B	A	B	A
		DB aus OZ			5:50	6:50	7:50	9:50	11:50	12:50	13:50	15:50	16:50	17:50	18:50	19:50
0,0	0:00	Mittelzentrum			6:00	7:00	8:00	10:00	12:00	13:00	14:00	16:00	17:00	18:00	19:00	20:00
5,0	0:10	A-Dorf			6:10	7:10	8:10	10:10	12:10	13:10	14:10	16:10	17:10	18:10	19:10	20:10
8,0	0:15	B-Dorf			6:25	7:25	8:25	10:25	12:25	13:25	14:25	16:25	17:25	18:25	19:25	20:25
9,0	0:15	C-Dorf			6:40	7:40	8:40	10:40	12:40	13:40	14:40	16:40	17:40	18:40	19:40	20:40
4,0	0:10	Grundzentrum			6:50	7:50	8:50	10:50	12:50	13:50	14:50	16:50	17:50	18:50	19:50	20:50
26,0	0:50	km/Fahrt			26,0	26,0	26,0	26,0	26,0	26,0	26,0	26,0	26,0	26,0	26,0	26,0
		Standzeit			0:10	0:10	0:10	0:10	0:10	0:10	0:10	0:10	0:10	0:10	0:10	
0,0	0:00	Unterzentrum	5:00	6:00	7:00	8:00	9:00	11:00	13:00	14:00	15:00	17:00	18:00	19:00		
4,0	0:10	C-Dorf	5:10	6:10	7:10	8:10	9:10	11:10	13:10	14:10	15:10	17:10	18:10	19:10		
9,0	0:15	B-Dorf	5:25	6:25	7:25	8:25	9:25	11:25	13:25	14:25	15:25	17:25	18:25	19:25		
8,0	0:15	A-Dorf	5:40	6:40	7:40	8:40	9:40	11:40	13:40	14:40	15:40	17:40	18:40	19:40		
5,0	0:10	Grundzentrum	5:50	6:50	7:50	8:50	9:50	11:50	13:50	14:50	15:50	17:50	18:50	19:50		
		DB nach OZ	6:00	7:00	8:00	9:00	10:00	12:00	14:00	15:00	16:00	18:00	19:00	20:00		
26,0	0:50	km/Fahrt	26,0	26,0	26,0	26,0	26,0	26,0	26,0	26,0	26,0	26,0	26,0	26,0		
		Standzeit	0:10	0:10	0:10		0:10	0:10	0:10		0:10	0:10	0:10	0:10		

Kilometeraufwand			Einsatzzeit pro Tag [h:mm]					
NWkm/Tag (249 Tage/Jahr)	624		Bus	t_{Bef}	$t_{Ein/Aus}$	t_S	$\square = t_E$	$\square_U$
$km_{Ein/Aus}$ /Tag (249 Tage/Jahr)	45		A	13:20	0:30	2:30	16:20	82%
Wkm/Jahr Regelumlauf	166.581		B	6:40	1:30	0:50	9:00	74%
Wkm/Jahr gesamt	166.581		Summe	20:00	2:00	3:20	25:20	79%

Bild 5.3-6: Schema eines Rahmenfahrplans

Aus den Anschlusszeiten an die übergeordneten ÖPNV-Systeme, der vorgegebenen Fahrtenfolgezeit sowie den Fahrzeiten zwischen den Haltestellen (Spalte „t") werden die einzelnen Fahrten abgeleitet und jeweils bestimmten Fahrzeugen zugeordnet (Zeile „Bus"). Die Standzeiten zwischen zwei Fahrten (Zeile „Standzeit") enthalten neben einem Zeitpuffer auch Pausenzeiten für die Fahrer. Wenn dies aufgrund des oben erläuterten Zusammenhangs von Fahrtenfolgezeit und der maximal möglichen Fahrzeit je Richtung nicht möglich ist, müssen die Pausenzeiten der Fahrer anderweitig, z. B. durch Fahrzeugwechsel, sichergestellt werden. Bei einer Angabe der Entfernung zwischen den Haltestellen (Spalte „km") können die Länge der einzelnen Fahrt (Zeile „km/Fahrt") sowie weitere Kennwerte der Fahrleistung (Kasten unten links) ermittelt werden. Der Quotient aus dem Anteil der Fahrzeug-Einsatzzeit, der der Fahrgastbeförderung dient, und der gesamten Fahrzeug-Einsatzzeit vom Verlassen des Betriebshofs bis zur Rückkehr auf den Betriebshof wird als Umlaufwirkungsgrad η bezeichnet (Kasten unten Mitte). Er ist ein Maß für die Produktivität der Leistungserbringung und damit für die Qualität des Fahrplanentwurfs. Bei Werten unter 70 % sollte geprüft werden, ob nicht eine produktivere Netzform möglich ist.

Der Rahmenfahrplan ist ein wichtiges Instrument, um während der Aufstellung des Mengengerüstes zwischen Angebotsqualität und Aufwand abwägen zu können und einen Ausgleich zwischen diesen gegenläufigen Zielen zu finden. Dazu ist es hilfreich, den Rahmenfahrplan als automatisierte Exel-Tabelle anzulegen, so dass bei Änderungen im Angebot (z. B. Einfügung einer zusätzlichen Fahrt) die daraus folgenden Änderungen im Aufwand sofort ablesbar sind. Wenn der Rahmenfahrplan mit der in Kap. 5.11 dargestellten Kostentabelle verknüpft wird, lassen sich auch die resultierenden Kostenänderungen unmittelbar feststellen.

5.3.8 Aufstellung des Fahrplans für den zusätzlichen Schülerverkehr

Nach dem hier verfolgten Konzept werden die Schülerfahrten in eine Sammelfahrt von der wohnungsnächsten Haltestelle zu einer Verknüpfungshaltestelle und eine Verbindungsfahrt von der Verknüpfungshaltestelle zur Schule zerlegt (vgl. Kap. 3).

Für die Verbindungsfahrt sollte soweit wie möglich eine Fahrt des allgemeinen ÖPNV genutzt werden. Bei nicht ausreichender Kapazität einer solchen Fahrt sind Verstärkerbusse einzusetzen. Eine Verkürzung der Fahrtenfolgezeit, wie sie im allgemeinen ÖPNV bei Kapazitätsüberschreitungen möglich und üblich ist, kommt im Schülerverkehr wegen der Bindung an die Anfangs- und Endzeiten des Unterrichts nicht in Frage. Vielmehr müssen Verstärkerbusse eingesetzt werden.

Falls die Schüler-Verbindungsfahrt nicht in das Zeitraster des allgemeinen Verkehrs passt, muss zwischen die Fahrten des allgemeinen ÖPNV eine Fahrt in einer zusätzlichen Zeitlage eingefügt werden. Zuvor ist jedoch zu prüfen, ob nicht ein Kompromiss zwischen der Zeitlage des allgemeinen ÖPNV und der Zeitlage der Schüler-Verbindungsfahrt möglich ist. Ein solcher Kompromiss könnte in einer geringfügigen Verschiebung der Fahrtenfolgezeit des allgemeinen ÖPNV oder der Zeiten des Unterrichtsbeginns oder -endes bestehen.

Die Sammelfahrten des Schülerverkehrs sind gesondert zu entwerfen, denn das in solchen Räumen vorhandene Angebot des ÖPNV ist meist ein Sektorbetrieb mit Großraumtaxis, deren Kapazität für die Schülerbeförderung von vornherein nicht ausreicht. Die Großraumtaxis können allerdings in Einzelfällen genutzt werden, um Schüler von abgelegenen Standorten zu einer Haltestelle des Sammelbusses zu bringen, so dass den Sammelbussen ein Umweg erspart bleibt.

Ausgangspunkt für die Bildung der Sammelfahrten sind die Verkehrsbeziehungen zwischen den wohnungsbezogenen Haltestellen der Schüler und den Verknüpfungspunkten mit den Verbindungsfahrten. Sie lassen sich aus der Gesamtmatrix der Verkehrsbeziehungen des Schülerverkehrs ableiten, müssen jedoch um diejenigen Schüler reduziert werden, die andere Verkehrsmittel als den Bus benutzen (zu Fuß Gehen, Fahrrad, Bringen und Holen mit dem Pkw). Dieser Modal-Split lässt sich kaum analytisch bestimmen, so dass eine Zählung der Einsteiger an den einzelnen Haltestellen erforderlich ist. Solche Zählungen sollten mit automatischen Verfahren erfolgen.

Die Routen und Fahrzeiten für die Sammelfahrten können mit Hilfe von Verfahren des Operations Research festgelegt werden.

Durch die Sammelfahrten sind in der Regel unterschiedliche Zeitlagen zu bedienen: Fahrten zu weiterführenden Schulen, 1. und 2. Stunde der Grundschulen. Um einen entsprechenden Fahrplan entwerfen zu können, müssen die Verkehrsbeziehungen nach diesen Zeitlagen differenziert vorliegen. Durch eine nacheinander erfolgende Bedienung der unterschiedlichen Zeitlagen entstehen für die Busse Umläufe, bei denen die Standzeiten minimiert werden sollten.

Die Jahrgangsstärken der Schüler, die Schulstrukturen sowie die Zuordnung zwischen den Wohnorten und den Schulen sind vielfältigen Veränderungen unterworfen. Aus diesem Grund muss bei Beginn eines neuen Schuljahrs überprüft werden, ob das Angebot der Verkehrsnachfrage noch gerecht wird. Bei Veränderungen (die bisher bedienten Haltestellen werden nicht mehr benutzt oder an bisher nicht bedienten Haltestellen entsteht Nachfrage) muss das Angebot angepasst werden. Dazu muss der Aufgabenträger die vorn genannten Eingangsdaten in digitaler Form vorhalten und jährlich von den Schulen aktualisieren lassen sowie über Verfahren verfügen, die eine Anpassung des Angebots ohne größeren Aufwand erlauben.

Die Planung des Schülerverkehrs sollte nicht erst im Anschluss an schulstrukturelle Änderungen erfolgen. Vielmehr sollte vor größeren Änderungen analysiert werden, welche Auswirkungen dies auf die Verkehrsnachfrage und daraus abgeleitet auf das Angebot hat. Damit wird der Verkehrsaufwand für die Schülerbeförderung zu einem zusätzlichen Entscheidungskriterium.

5.4   Tarif

Im Interesse des Fahrgastes soll der Tarif gerecht, gut handhabbar und preiswert sein. Aufgabenträger und Verkehrsunternehmen erwarten eine hohe Ergiebigkeit. Da diese Ziele teilweise gegenläufig sind, handelt es sich bei der Festlegung der Tarife um ein Optimierungsproblem, das im ländlichen Raum noch schwerer zu lösen ist als im städtischen Raum.

Ein entfernungsabhängiger Fahrpreis ist zwar am gerechtesten, aber nur schwer handhabbar. Deshalb werden in größeren Verkehrsgebieten i. a. Zonentarife mit gleichbleibendem Fahrpreis innerhalb einer Zone verwendet. Handhabbarkeit und Gerechtigkeit hängen damit vor allem von der Ausdehnung der Zone ab.

Für den Gelegenheitsfahrgast hat die Handhabbarkeit des Tarifs eine größere Bedeutung als eine gelegentliche Ungerechtigkeit. Im Berufs- und Ausbildungsverkehr, in dem meist Zeitkarten benutzt werden, spielt die Gerechtigkeit dagegen eine größere Rolle als die Handhabbarkeit. Aus diesem Grund erscheint es sinnvoll, die Zoneneinteilung zwischen Gelegenheitsverkehr und Berufs- oder Ausbildungsverkehr in der Weise zu differenzieren, dass für Einzelfahrausweise größere Zonen gebildet werden als für Zeitfahrausweise.

Die Zonenbildung und die damit zusammenhängenden Probleme der Handhabbarkeit und Gerechtigkeit entfallen, wenn zukünftig elektronische Fahrausweise mit einer automatischen Berechnung des Fahrpreises benutzt werden. Solche Check-in- / Check-out- oder Be-in- / Be-out-Systeme werden bereits erprobt und sind im Ausland z. T. schon flächendeckend im Einsatz. Entsprechend dem Entwicklungsstand dieser Systeme sollte geprüft werden, ob und in welcher Form sie auch im ländlichen Raum eingesetzt werden können.

Die Ergiebigkeit des Tarifs wird von der Höhe des Fahrpreises bestimmt. Ein geringer Fahrpreis führt zwar zu mehr Fahrgästen, bringt aber wegen des geringeren Preises auch weniger ein. Ein hoher Fahrpreis stößt Fahrgäste ab und führt trotz des höheren spezifischen Preises zu geringeren

Einnahmen. Gesucht ist ein Fahrpreis, der maximale Einnahmen bringt. Diese Zusammenhänge sind betriebswirtschaftlicher Art und liegen in der Zuständigkeit der Verkehrsunternehmen.

Der Fahrpreis muss aber auch unter sozialen Gesichtspunkten und dem Ziel einer Maximierung der Anzahl der Fahrgäste betrachtet werden: Ein sozialer Fahrpreis erhöht die Mobilitätschancen des ärmeren Teils der Bevölkerung, der Schüler und der Behinderten, und eine Maximierung der Anzahl der Fahrgäste entlastet den Straßenverkehrs. Beides liegt weniger im Interesse der Verkehrsunternehmen als vielmehr im Interesse der Politik. Deswegen muss die Gebietskörperschaft die Einnahmeverluste der Verkehrsunternehmen ausgleichen. Diese finanzielle Inanspruchnahme der kommunalen Gebietskörperschaft legitimiert ihre Mitwirkung bei der Fahrpreisbildung.

5.5 Haltestellenausstattung

Die Haltestellenausstattung reicht von einem einfachen Haltestellenmast mit Fahrplanaushang bis zu Wartehäuschen mit Witterungsschutz, Sitzgelegenheiten, Beleuchtung und Fahrplaninformationen. Die zu wählende Ausstattung richtet sich nach der Lage der Haltestelle, der Bedeutung (Einsteige- oder Umsteigehaltestelle) und der Fahrgastfrequenz an der Haltestelle.

5.6 Fahrzeugeigenschaften

Bei flexiblen Betriebsweisen reicht das Spektrum der Fahrzeuge vom Standardlinienbus über den Midi- und Kleinbus bis zum Großraumtaxi. Bei den Großraumtaxis sollte auf eine Sitzanordnung geachtet werden, die ein müheloses Ein- und Aussteigen und eine Mitnahme von Gepäck ermöglicht. Insgesamt sollte das Alter der Fahrzeuge begrenzt werden.

In jüngster Zeit werden Busanhänger entwickelt und erprobt. Ihr Einsatz ist insbesondere im ÖPNV des ländlichen Raums sinnvoll, wenn bei einer geringen Grundlast einzelne Fahrten wie z. B. die morgendliche und mittägliche Schülerfahrt stark belastet sind. Anstatt die gesamte Zeit ein großes Fahrzeug zu benutzen, das während des größten Teils der Betriebsdauer äußerst gering besetzt ist, kann ein kleineres Fahrzeug zu den Spitzenzeiten durch einen Anhänger verstärkt werden. Der Anhänger bleibt nach der morgendlichen Schülerfahrt an der Schule stehen und wird mittags nach Schulschluss wieder mitgenommen.

5.7 Fahrgastinformation

Die traditionelle Form der Fahrgastinformation ist der gedruckte Fahrplan. Wegen der meist wirtschaftlich bedingten Komplexität des Angebots sind die Fahrpläne in der Regel sehr umfangreich und angesichts von Fußnoten schwer verständlich. Der Versuch, den Umfang des gedruckten Fahrplans zu begrenzen, hat häufig eine sehr kleine Schrift zur Folge.

Die Verständlichkeit des gedruckten Fahrplans kann erhöht werden, wenn regionale Fahrpläne entwickelt werden. Hierfür ist ein hierarchisch aufgebautes Netz günstig. Für einen ÖPNV-Benutzer ist es in der Regel ausreichend, wenn er dem Fahrplan die Fahrmöglichkeiten aus seinem Wohngebiet bis in die Kreisstadt (Ober- / Mittelzentrum) und zurück entnehmen kann. Solche Fahrplaninformationen sind auf einem Faltblatt mit wenigen Seiten lesbar unterzubringen.

In den Ballungsräumen haben sich inzwischen Fahrgastinformationssysteme über Telefon, Internet und teilweise auch über Handy herausgebildet. In jüngster Zeit sind solche Systeme vereinzelt auch schon im ländlichen Raum zu finden. Ihre dortige Verbreitung sollte nicht zuletzt wegen der Schwerfälligkeit der gedruckten Fahrpläne gefördert werden.

Mobile Kommunikationsmittel dürften es in absehbarer Zeit auch erleichtern, die Anmeldung von Fahrtwünschen bei nachfragegesteuerten Systemen von unterwegs aus vorzunehmen und dem Fahrgast die realen Abfahrtszeiten und etwaige Verspätungen aktuell mitzuteilen.

5.8 Fahrgeldentrichtung

Die traditionelle Fahrgeldentrichtung beim Fahrer ist auch im ländlichen Raum durch die Nutzung von Zeitfahrausweisen zurückgedrängt worden. Die Aufstellung von Fahrausweisautomaten kommt im ländlichen Raum aus wirtschaftlichen Gründen nur bei wenigen Schwerpunkthaltestellen in Frage. Zwar kann inzwischen die Fahrgeldentrichtung mittels elektronischer Geldbörsen in Form von Chip-Karten erfolgen, die Ermittlung des exakten Fahrpreises ist jedoch nach wie vor schwierig. Wie weit sich die in Entwicklung befindlichen Check-in- / Check-out- oder Be-in- / Be-out-Systeme auch im ländlichen Raum durchsetzen werden, bleibt abzuwarten. In jedem Fall sollte die technische Entwicklung einer automatischen Fahrgeldentrichtung aufmerksam verfolgt und jeder Entwicklungsschritt auf seine Anwendbarkeit im ländlichen Raum hin überprüft werden.

5.9 Steuerung des Fahrtablaufs

Anmeldung von Fahrtwünschen

Die Anmeldung von Fahrtwünschen durch die Fahrgäste kann telefonisch, mittels Internet oder mittels Handy erfolgen. Telefonische Anmeldungen müssen vom Personal in der Leitzentrale erfasst werden. Bei Fahrten, die von einer ständig bedienten Haltestelle, z. B. der Verknüpfungshaltestelle mit einem übergeordneten System, ausgehen, kann der Fahrgast beim Einstieg in das Fahrzeug auch dem Fahrer sein Ziel mitteilen. Die gewünschte Ausstiegshaltestelle wird dann durch den Fahrer in den Fahrzeugrechner eingegeben, der ihn in die bis dahin bestehende Fahrtroute des Fahrzeugs einordnet und mittels Funk an den Rechner der Leitzentrale überträgt. Diese Möglichkeit, Fahrten beim Fahrer anzumelden, erleichtert vor allem Rückfahrten.

Bildung von Fahrtrouten

Im traditionellen Linienbetrieb liegt die Reihenfolge der zu bedienenden Haltestellen unabhängig von der aktuellen Verkehrsnachfrage fest. Wenn eine Linie bei geringem Verkehrsaufkommen nachfrageabhängig bedient wird und die nicht nachgefragten Haltestellen ausgelassen werden, ist die Route in Abhängigkeit von den Fahrtwünschen aktuell zu bilden. Bei Abkürzungen muss zwischen zwei nacheinander zu bedienenden Haltestellen der kürzeste Weg gesucht werden. Hierfür stehen Verfahren zur Verfügung, wie sie im Straßenverkehr üblich sind. Die Suche des kürzesten Wegs kann in der Weise geschehen, dass offline die Wege zwischen allen Haltestellen bestimmt, gespeichert und bei Bedarf abgerufen werden.

Im Richtungsbandbetrieb muss die kürzeste Route durch alle nachgefragten Haltestellen gesucht werden. Hierzu eignen sich Verfahren des Operations Research. Wegen der gestreckten Form des Richtungsbandes verliert eine mathematische Minimierung der Routenlänge an Bedeutung. Es ist ausreichend, eine augenscheinlich kürzeste Route manuell durch alle vorhandenen Haltestellen zu legen (= Maximalroute) und diejenigen Haltestellen zu streichen, die aktuell nicht bedient zu werden brauchen. Auf diese Weise kann gegenüber einer mathematischen Minimierung des Weges ein Mehrweg entstehen, der aber nur gering ist.

Im Sektorbetrieb sind in der Regel mehrere Fahrzeuge im Einsatz. Bei Auftreten eines Fahrtwunsches muss zuerst geprüft werden, welches Fahrzeug unter Beachtung der noch vorhandenen Kapazität und des durch die zusätzliche Fahrt verursachten Umwegs am besten für die Realisierung des Fahrtwunsches geeignet ist. Anschließend muss der Fahrtwunsch in die bisherige Fahrtroute dieses Fahrzeugs eingefügt werden. Eine manuelle Lösung dieser Aufgabe scheidet wegen der Vielzahl der Kombinationsmöglichkeiten aus. Deshalb muss eine mathematische Optimierung erfolgen, bei der zumindest heuristisch vorgegangen wird. Ziel der Routenbildung ist es, mit möglichst wenig Fahrzeugen auszukommen und die zu fahrenden Wege zu minimieren. Dazu ist es notwendig, die Kapazität der Fahrzeuge so weit wie möglich auszunutzen und die zulässigen Umwege auszuschöpfen.

Das Prinzip eines von NOCERA (2002) entwickelten Verfahrens ist nachfolgend dargestellt:

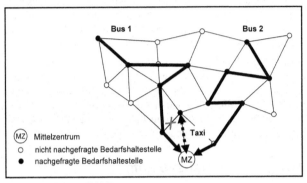

Quelle: NOCERA (2002)

Bild 5.9-1: Ermittlung der Fahrzeuganzahl und der
Fahrzeit bei Sektorbetrieb

Ausgehend von der am stärksten belasteten Haltestelle werden die Einsteiger demjenigen Fahrzeug zugeordnet, das noch eine ausreichende Kapazität aufweist, die Bedienung der von dieser Haltestelle ausgehenden Fahrtwünsche noch innerhalb des zulässigen Umwegs vornehmen kann und den kürzesten Gesamtweg fährt. Um den Rechenaufwand zu begrenzen, wird ein Winkel ausgehend von der Verknüpfungshaltestelle definiert, auf den sich die Suche beschränkt. Wenn kein Fahrzeug vorhanden ist, das die oben genannten Bedingungen erfüllt, muss ein zusätzliches Fahrzeug eingesetzt werden. Nach der Verarbeitung aller Fahrtwünsche wird in einem zweiten Rechengang versucht, durch Austausch der Einsteiger das Ergebnis iterativ zu verbessern.

Wenn die Bedienung einer bestimmten Haltestelle wegen nicht ausreichender Kapazität oder zu großer Umwege den Einsatz eines zusätzlichen Fahrzeugs erfordert, sollte geprüft werden, ob nicht stattdessen ein allgemeines, dem System nicht zugehöriges Taxi herangezogen werden kann, um die fragliche Haltestelle zu bedienen. Sofern solche Fälle selten auftreten, ist dies billiger als die Vorhaltung eines zusätzlichen Fahrzeugs innerhalb des Systems.

Die gefundenen Routen der im Einsatz befindlichen Fahrzeuge werden in Form von Fahraufträgen an die Verkehrsunternehmen übermittelt (z. B. mittels Fax an die Taxizentralen der Taxiunternehmer). Von dort aus werden die Fahraufträge über Funk an die Fahrer weitergegeben. Durch Zwischenschalten der Verkehrsunternehmen sollen das Geschick und die Erfahrung der Disponenten bei der Realisierung der Fahraufträge genutzt werden. Eine direkte Übermittlung an die Fahrer scheidet schon deshalb aus, weil bei fehlender Nachfrage Fahrzeuge, welche neue Aufträge entgegennehmen könnten, gar nicht im Einsatz sind.

Realisierung des Steuerungsprozesses

Bei der Entgegennahme von Fahrtwünschen und der darauf aufbauenden Festlegung von Fahrtrouten handelt es sich um die Aufgabe einer Online-Fahrplanbildung. Eine solche Fahrplanbildung sollte im Interesse eines einheitlichen Angebots unternehmensübergreifend erfolgen. Sie verursacht – solange noch keine Vollautomatisierung dieser Prozesse erreicht ist – Kosten, die beim traditionellen Linienbetrieb mit festgelegtem Fahrplan nicht anfallen. Um die Kostenvorteile des nachfragegesteuerten Verkehrs nicht durch einen hohen Steuerungsaufwand wieder zunichte zu machen, muss diese Aufgabe in vorhandene Abläufe eingebunden werden. Hierfür bietet sich vor allem eine Mobilitätszentrale an, die u. a. Online-Auskünfte an die Fahrgäste gibt. Das dort tätige Personal kann die manuellen Tätigkeiten der Fahrtablaufsteuerung mit übernehmen. Alternativ kann die Fahrtablaufsteuerung auch in einer bestehenden Betriebsleitzentrale erfolgen, wobei jedoch auf eine unternehmensübergreifende Abwicklung zu achten ist.

Wenn die Entgegennahme der Fahrtwünsche in der Mobilitätszentrale erfolgt, kann sie mit der Fahrgastinformation in der Weise verknüpft werden, dass der Fahrgast sich zuerst nach einer Fahrtmöglichkeit für eine bestimmte Verkehrsbeziehung und für einen bestimmten Zeitpunkt erkundigt und sich anschließend dafür gleich anmeldet, sofern sie seinen Wünschen entspricht. Eine solche Verknüpfung von Fahrgastinformation und Fahrtwunschanmeldung spart für den Fahrgast Zeit und für den Anbieter der Verkehrsleistung Aufwand.

5.10 Überwachung des Betriebsablaufs

Die Überwachung des Betriebsablaufs dient dazu, Abweichungen vom planmäßigen Ablauf aufzudecken und zu korrigieren. Gegenstand der Überwachung sind der zeitliche Ablauf der Fahrten und die Besetzung der Fahrzeuge.

Störungen des zeitlichen Ablaufs der Fahrten führen zu Verspätungen (in seltenen Fällen auch zu Verfrühungen) und bei größeren Verspätungen zum Verlust von Anschlüssen. Derartige Störungen sind im ländlichen Raum wegen der in der Regel größeren Fahrtenfolgezeit kritischer als in den Städten. Eine Überlastung der Fahrzeuge hat zur Folge, dass die Beförderungsqualität beeinträchtigt wird und im Extremfall Fahrgäste nicht befördert werden können. Diese Gefahr ist im allgemeinen ÖPNV des ländlichen Raums jedoch vernachlässigbar. Im Schülerverkehr kann es dagegen zu Überlastungen kommen, wenn die Schüler den ÖPNV an einzelnen Tagen – z. B. wegen ungünstiger Witterungsbedingungen – stärker benutzen als an anderen. Hier dient eine Überwachung der Besetzung jedoch nicht nur dazu, etwaige Überlastungen frühzeitig zu erkennen, sondern auch dazu, den Modal-Split der Schülerbeförderung – d. h. das Maß der Inanspruchnahme des ÖPNV auf dem Weg zur Schule – zu ermitteln. Diese Kenntnis ist auch notwendig, um eine Überdimensionierung des Angebots zu vermeiden.

Grundlage der Überwachung ist ein Vergleich des Ist-Zustandes mit dem Soll-Zustand. Die Daten des Soll-Zustandes ergeben sich aus dem Fahrplan (Abfahrts- und Ankunftszeiten) und den Ausgangsdaten für seine Aufstellung (Belastung der Netzabschnitte und Kapazität der Fahrzeuge). Die Daten des Ist-Zustandes müssen durch Messungen gewonnen werden.

Die Ergebnisse einer Überwachung des Betriebsablaufs können sowohl online als auch offline genutzt werden:

- Bei einem online ablaufenden Soll-Ist-Vergleich wird anhand vorgegebener Strategien versucht, etwaige Abweichungen oder ihre Auswirkungen zu minimieren. Zu einer solchen Überwachung gehört bei größeren Abweichungen auch die Information der Fahrgäste.

- Nach Beendigung einer Fahrplanperiode werden offline die gewonnenen Messdaten herangezogen, um Störungen durch den allgemeinen Straßenverkehr soweit wie möglich zu beseitigen, die Fahrzeitvorgaben im Fahrplan an die realisierten Fahrzeiten anzupassen und ggf. die Anzahl der eingesetzten Fahrzeuge zu verändern. Im Schülerverkehr kann durch Einsteigerzählungen festgestellt werden, ob Veränderungen in der Nachfrage zwischen Sommerbetrieb und Winterbetrieb auftreten und ob eine Veränderung im Fahrzeugeinsatz notwendig ist. Offline-Analysen des zeitlichen Ablaufs der Fahrten und der Besetzung der Fahrzeuge sind besonders wichtig im nachfragegesteuerten Betrieb, weil hier eine hohe Zuverlässigkeit und eine hohe Wirtschaftlichkeit nur zu erreichen sind, wenn die damit verbundenen stochastischen Prozesse beherrscht werden.

Die Fahrzeitmessungen erfolgen mit Hilfe einer standortbezogenen Zeitmessung unter Nutzung von Signalen des Global-Positioning-Systems GPS.

Die Besetzungsmessungen erfolgen durch Zählung der Ein- und Aussteiger. Bei Standard- und Midibussen geschieht dies über Infrarot-Messeinrichtungen an den Türen. Solche Messsysteme sind im städtischen ÖPNV bereits Stand der Technik. Hierfür reicht die Ausstattung einer begrenzten Anzahl der Fahrzeuge mit Messsystemen aus, wenn der Einsatz der Messfahrzeuge nach einem statistisch abgesicherten Messplan erfolgt. Die damit zu gewinnenden Stichproben sind in der Regel ausreichend aussagefähig zur Beurteilung der Gesamtsituation.

Bei den Großraumtaxis, wie sie in der Regel im Sektorbetrieb eingesetzt werden, ist die Installation von Messeinrichtungen zu teuer. Im nachfragegesteuerten Betrieb fallen die Besetzungsdaten im Zusammenhang mit der Fahrtwunschanmeldung an. Im Sektorbetrieb sind in der Regel alle Ein- und Ausstiege anmeldepflichtig, so dass die Besetzung über die Fahrtwunschanmeldungen eindeutig festgestellt werden kann. Im Richtungsbandbetrieb ist dagegen die Anmeldung nicht durchgängig. Wenn es sich um die Ausweitung einer Linie zum Richtungsband auf einzelnen Streckenabschnitten handelt, erfolgt nur für einen Teil der Haltestellen eine Anmeldung. Bei einer solchen kombinierten Betriebsform werden aber in der Regel Standardbusse oder Midibusse eingesetzt, bei denen die Ein- und Aussteiger mit den genannten Messgeräten im Fahrzeug gemessen werden können. Wenn bei Richtungsbändern Kleinbusse oder Großraumtaxis eingesetzt werden, sollten aus Gründen einer begrenzten Fahrzeugkapazität alle Ein- und Ausstiege anmeldepflichtig sein, so dass die Besetzungsdaten aus der Fahrtwunschanmeldung eindeutig ablesbar sind.

Im ländlichen Raum ist es nicht sinnvoll, die für den städtischen ÖPNV entwickelten Betriebsleitsysteme zu übernehmen, denn es treten weniger Störungen auf als in den größeren Städten. Insbesondere ist keine ständige Standortverfolgung aller Fahrzeuge durch die Betriebsleitzentrale erforderlich. KIESLICH (2000) hat sich mit diesem Problem auseinandergesetzt und eine vereinfachte Konfiguration eines Betriebsleitsystems für den ländlichen Raum entwickelt. Danach genügt es, einen Soll-Ist-Vergleich im Fahrzeug durchzuführen und dem Fahrer Kenntnisse über die Fahrplanlage zu geben. Dies erfolgt mit Hilfe eines Personal-Data-Assistenten (PDA), der mit einer GPS-Antenne ausgestattet ist. Erst bei größeren Abweichungen wird die Betriebsleitzentrale informiert, entweder unmittelbar durch den PDA oder mittelbar, indem der Fahrer die Zentrale mittels Sprechfunk oder Handy informiert. Die Daten des Soll-Ist-Vergleichs werden im PDA gespeichert und stehen nach Ende des Betriebseinsatzes für eine Auswertung zur Verfügung.

Ein Verspätungsmanagement beschränkt sich auf das lokale ÖPNV-System, insbesondere auf den Anschluss des Richtungsband- und Sektorbetriebs an den Linienbetrieb. Die Abfahrten übergeordneter ÖPNV-Systeme, wie z. B. der Regionalbahn, sind kaum zu beeinflussen, so dass eine Anschlusssicherung darin bestehen muss, pünktlich am Anschlusspunkt anzukommen.

Unabhängig von der Überwachung des Betriebsablaufs ist auch im ländlichen Raum in Bereichen mit starkem Straßenverkehr eine Lichtsignalbeeinflussung wünschenswert.

Da die Überwachung des Fahrtablaufs Aufgabe des einzelnen Verkehrsunternehmens ist, wird es in einem Bedienungsgebiet zunächst mehrere Betriebsleitzentralen nebeneinander geben. Aus praktischen Gründen können die Verkehrsunternehmen aber auch eine gemeinsame Betriebsleitzentrale betreiben. Bei einer solchen Zusammenarbeit sind die Kommunikationsprozesse, z. B. die Anschlusssicherung zwischen den Fahrten unterschiedlicher Unternehmen, einfacher als beim Vorhandensein mehrerer Betriebsleitzentralen. Problematisch ist jedoch die Möglichkeit des gegenseitigen Einblicks in betriebsinterne Vorgänge.

5.11 Ermittlung der Kosten und Einnahmen

Die Kosten ergeben sich aus den Mengen und Qualitäten der vom Aufgabenträger gewünschten Leistungen sowie den spezifischen Kosten für diese Leistungen. Das Gerüst der Mengen und Qualitäten leitet sich unmittelbar aus dem Maßnahmenentwurf ab. Seine Formulierung ist Sache des Aufgabenträgers. Bei den spezifischen Kosten handelt es sich um Daten der Verkehrsunternehmen. Sie entscheiden, zu welchem Preis sie die vom Aufgabenträger gewünschten Leistungen erbringen können bzw. wollen.

Der Aufgabenträger muss trotz der Kostenzuständigkeit der Verkehrsunternehmen selbst eine Kostenschätzung vornehmen, um zwischen den von ihm gewünschten Leistungen auf der einen Seite und den zuzuschießenden Finanzmitteln auf der anderen Seite abwägen zu können. Dabei sind auch die zu erwartenden Einnahmen und etwaige Ausgleichszahlungen von Dritten zu berücksichtigen (s. unten). Die spezifischen Kosten müssen entweder bei dem bisher beauftragten Verkehrsunternehmer abgefragt oder über andere Quellen wie z. B. Listenpreise der Fahrzeughersteller und Tarifverträge abgeschätzt werden.

Nach der Entscheidung des Aufgabenträgers über den Umfang der gewünschten Leistungen müssen die Verkehrsunternehmen die Kosten kalkulieren und zwar so genau, dass sich die Kalkulation als Grundlage einer vertraglichen Regelung mit dem Aufgabenträger eignet. Das methodische Vorgehen ist bei beiden Fällen dasselbe. Unterschiede zwischen Kostenschätzung und Kalkulation bestehen lediglich in der Genauigkeit.

Bei der Kostenermittlung wird üblicherweise nach folgenden Kostenstellen differenziert:

- Betriebs- und Verkehrsanlagen (Betriebshof, Verwaltungsgebäude, Haltestellen),
- Betriebseinrichtungen (Systeme für die Steuerung und Überwachung des Betriebsablaufs),
- Fahrzeuge,
  - abhängig von der Nutzungsdauer (Kaufpreis, Förderung, Nutzungsdauer, Restwert, Zinssatz, Versicherung, Fahrzeugreserve, Anteil von Fahrten außerhalb des ÖPNV),
  - abhängig von der Laufleistung (Kraftstoff, Reifen, Instandhaltung, Fahrzeugreserve),
- Fahrpersonal,
- Betriebspersonal,
- Verwaltungspersonal.

Unmittelbar leistungsabhängig sind die Kosten für die Laufleistung der Fahrzeuge und die Einsatzzeit des Fahrpersonals. Bei den übrigen Kosten handelt es sich um Fixkosten.

Die Fahrpläne für den allgemeinen ÖPNV und die zusätzlichen Schülerfahrten erlauben es, die Fahrzeugleistung unmittelbar abzugreifen. Beim Fahrereinsatz liefern die Fahrpläne dagegen nur die Netto-Fahrerstunden für die Fahrgastbeförderung. Sie müssen um zusätzliche Zeiten für Pausen, Einsetz-, Umsetz- und Aussetzfahrten sowie Rüstzeiten zu Brutto-Fahrerstunden erweitert werden. Dies kann bei einer Kostenschätzung des Aufgabenträgers nur überschlägig geschehen, weil unternehmensinterne Regelungen hinsichtlich des Personaleinsatzes dem Aufgabenträger in der Regel nicht bekannt sind.

Die Kosten des gegenwärtigen Angebots können u. U. auch direkt aus Angaben der Verkehrsunternehmen gewonnen werden, so dass die verhältnismäßig aufwendige Kostenschätzung aufgrund des Mengen- und Qualitätsgerüstes und der spezifischen Kosten entbehrlich ist. Für den geplanten Zustand ist eine Kostenschätzung jedoch zwingend.

Bei den spezifischen Kosten sind die ortsspezifischen und zeitbezogenen Randbedingungen (z. B. Lohnniveau, Kraftstoffpreise) zu beachten und ggf. Öffnungsklauseln für Kostenerhöhungen zu berücksichtigen.

Die erforderlichen Kenngrößen des Mengengerüstes und die benötigten spezifischen Kostengrößen sind in den nachfolgenden Tabellen zusammengestellt (vgl. WILHELM, 2001):

Tabelle 5.11-1:   Mengen- und Kostengrößen

Fixe Fahrzeugkosten		
M	Fahrzeugtyp	–
	Fahrzeuganzahl	Stück
sK	Kaufpreis	€
	Abschreibungsdauer	Jahre
	Restwert	€
	Versicherung	€/Jahr
	Unterstellung	€/Jahr
	Verwaltung	€/Jahr
Variable Fahrzeugkosten		
M	Nutzwagen-km	km/Jahr
	Ein-, Um- und Aussetz-km	km/Jahr
	Dieselverbrauch	l/km
	Schmierstoffverbrauch	l/km
sK	Dieselkosten	€/l
	Schmierstoffkosten	€/l
	Kraftstoffkosten	€/km
	Schmierstoffkosten	€/km
	Reifenkosten	€/km
	Reparatur, Wartung, Pflege	€/km

Personalkosten		
M	Zeit Fahrgastbeförderung inkl. Standzeit	Std/Jahr
	Ein-, Um- und Aussetzzeit	Std/Jahr
	Unbezahlte Pausen	Std/Jahr
	Einsatzzeit werktags vor 21 Uhr	Std/Jahr
	Einsatzzeit werktags nach 21 Uhr	Std/Jahr
	Einsatzzeit sonntags vor 21 Uhr	Std/Jahr
	Einsatzzeit sonntags nach 21 Uhr	Std/Jahr
sK	Kosten der Fahrerstunde werktags	€/Std
	Kosten der Fahrerstunde sonntags	€/Std
	Nachtzuschlag	€/Std

M: Mengengerüst
sK: spezifische Kosten

Richtungsbänder werden kalkulatorisch wie Linien behandelt, wobei die Fahrzeugfixkosten und die Personalkosten auf die Minimalroute bezogen werden, und Abweichungen von der Minimalroute als zusätzliche Laufleistung in die Kosten eingehen. Der Berechnung muss eine Annahme über das Maß dieser zusätzlichen Laufleistung zugrunde gelegt werden, z. B. dass x % der angebotenen Kilometer pro Tag nachgefragt werden.

Für die Kostenkalkulation der Fixkosten im Sektorbetrieb wird angenommen, dass für die Realisierung aller angebotenen Leistungskilometer ein Fahrzeug über den gesamten Betriebszeitraum im Einsatz ist. Die voraussichtlich zu erwartenden Laufleistungen werden über die Einsatzdauer, eine mittlere Geschwindigkeit und eine angenommene Nachfragequote errechnet. Bei fehlender Nachfrage in bestimmten Umläufen können die Fahrzeuge für Gelegenheitsfahrten außerhalb des

ÖPNV genutzt werden. Als spezifische Kostendaten muss der Aufgabenträger marktübliche Werte des Taxibetriebs benutzen, wenn dort Taxis eingesetzt werden sollen.

Den Kosten der Leistungserstellung stehen Einnahmen gegenüber. Analog zu den Kosten lassen sich auch die Einnahmen nach Einnahmestellen untergliedern:

- Tarifeinnahmen aus dem allgemeinen Fahrscheinverkauf,
- Kostenerstattung der Schulträger für die kostenlose Schülerbeförderung,
- Ausgleichszahlungen des Landes für die kostenlosen Schwerbehindertenbeförderung,
- Ausgleichszahlungen des Landes nach § 45a des PBefG für die Schülerbeförderung,
- Bezuschussung von Infrastruktur und Fahrzeugen aus GVFG oder Regionalisierungsmitteln,
- Sonstige Einnahmen (z. B. aus Werbung).

Diese Daten sind teilweise nur den Verkehrsunternehmen bekannt. Der Aufgabenträger muss sie vom Verkehrsunternehmen abfordern, denn gemäß den Nahverkehrsgesetzen der Länder sind sie den Kosten gegenzurechnen.

Die Veränderung der staatlichen Ausgleichszahlungen ist mittelfristig nicht vorhersagbar, weil sie von der allgemeinen Haushaltslage und den politischen Mehrheiten abhängen.

Bei den Tarifen kann davon ausgegangen werden, dass regelmäßige Erhöhungen unvermeidlich sind. Sie werden sogar oberhalb der Inflationsrate liegen müssen, weil die staatlichen Fördergelder und Ausgleichszahlungen zukünftig eher gekürzt als ausgeweitet werden dürften. Da auch die Pkw-Benutzung teurer werden wird (steigende Kraftstoffpreise, Absenkung der Kilometerpauschale), wird sich bei einer moderaten Anhebung der ÖPNV-Tarife das Preisverhältnis zwischen MIV und ÖPNV in absehbarer Zeit nicht zuungunsten des ÖPNV verändern. In der Fachliteratur und beim Verband Deutscher Verkehrsunternehmen wird z. Z. von einer notwendigen und im Hinblick auf die Preisentwicklung im MIV auch vertretbaren Erhöhung der Fahrpreise um jährlich 6 % gesprochen (vgl. ACKERMANN, T., STAMMLER, H., 2006). Zusätzlich wird darauf hingewiesen, dass auch die Tarifstruktur, z. B. hinsichtlich der Zeitkarten, so verändert werden sollte, dass deren Ergiebigkeit größer wird.

Noch schwieriger ist die Vorhersage der Fahrgastzahlen, zumal wenn durch den Einsatz nachfragegesteuerter Betriebsformen die gesamte Angebotsstruktur geändert wird. Über die Reaktion der Fahrgäste auf derartige Änderungen liegen noch zu wenig Erfahrungen vor. Auch dürften die unumgänglichen Tariferhöhungen im ÖPNV zu einem Fahrgastverlust führen, der nicht vorhergesagt werden kann. Um keine späteren Enttäuschungen zu erleben, sollte aufgrund der bisherigen Erfahrungen der Autoren mit einem Einnahmenzuwachs gerechnet werden, der 10 % im Jahr nicht überschreitet.

6 Erprobung spezieller Betriebsformen

Im Rahmen des Forschungsprojektes „MOBINET" (2004) wurden in den Jahren 1999 bis 2003 im Landkreis Erding unterschiedliche Ausprägungen des Richtungsbandes erprobt. Fragestellungen waren die Möglichkeiten einer Verbesserung der Angebotsqualität, die Funktionsfähigkeit des Richtungsbandbetriebs, seine Handhabbarkeit und Akzeptanz durch Benutzer und Betreiber, das Potential für eine Erhöhung der Verkehrsnachfrage sowie die Kosten des Fahrbetriebs.

Die Planung dieser Erprobung lag – unter Mitwirkung des Münchner Verkehrs- und Tarifverbundes – beim Lehrstuhl für Verkehrs- und Stadtplanung der Technischen Universität München. Die Steuerung des Fahrtablaufs erfolgte nach einem vom Lehrstuhl entwickelten Verfahren. Dabei wurde manuell eine Route durch alle Haltestellen gelegt (= Maximalroute) und vom Rechner diejenigen Haltestellen aus der Route herausgestrichen, für die bei der aktuellen Fahrt keine Fahrtwünsche vorlagen. Die Steuerungstechnik wurde von der Fa. ESM GmbH, Hannover auf der Grundlage von Vorentwicklungen des Lehrstuhls bereitgestellt. Die Durchführung der Steuerung oblag dem größten im Landkreis tätigen Verkehrsunternehmen.

6.1 Lage und Verkehrsstruktur des Erprobungsgebietes

Der Landkreis Erding liegt etwa 40 km nordöstlich von München. Am nordwestlichen Rand befindet sich der Flughafen München. Kreisstadt ist das zentral gelegene Mittelzentrum Erding mit rd. 30.000 Einwohnern. Der Landkreis wird durch eine Reihe von Linien des Schienenpersonennahverkehrs (SPNV) an die Landeshauptstadt München angebunden und verfügt im Inneren über ein dichtes Regionalbusnetz.

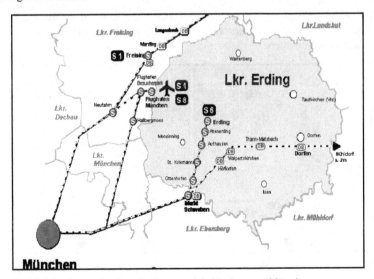

Bild 6.1-1: Lage des Landkreises und Anbindung an München

6.2 Erprobte Ausprägungen

Folgende Ausprägungen des Richtungsbandbetriebs wurden erprobt:

Flächendeckender Richtungsbandbetrieb

In einem sehr dünn besiedelten Gebiet in der nordöstlichen Ecke des Landkreises („Erdinger Holzland") wurde der vorhandene Linienbetrieb durch Richtungsbandbetrieb ersetzt:

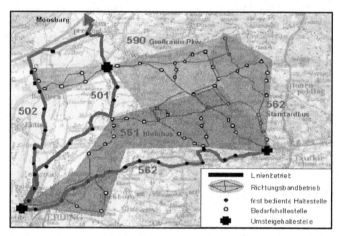

Bild 6.2-1: Richtungsbandbetrieb im „Erdinger Holzland"

Wechsel zwischen Linienbetrieb (HVZ) und Richtungsbandbetrieb (NVZ)

Zwei parallel laufende Linien zwischen zwei zentralen Orten wurden während der Normalverkehrszeit zu einem Richtungsband zusammengefasst. Während der Hauptverkehrszeit blieb die Trennung in zwei Linien erhalten.

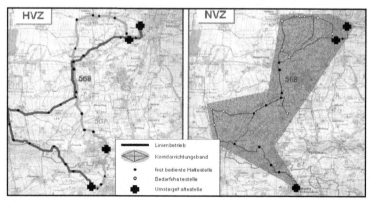

Bild 6.2-2 Tageszeitliche Differenzierung zwischen Linien- und Richtungsbandbetrieb

Überlagerung von Direktbus und Sammelbus

Bis zum Fahrplanwechsel 1999/2000 verkehrte zwischen der Kreisstadt Erding und der Nachbarstadt Dorfen die Linie 564 im herkömmlichen Linienbetrieb. Sie bediente die abseits der Hauptstraße liegenden Orte entweder gar nicht, durch Halt an der Hauptstraße mit einem längeren Fußweg zum Ort (Haltestelle „Abzweigung xxx") oder durch wechselnde Fahrtrouten.

Zwischen zwei zentralen Orten wird in einem Siedlungskorridor ein stark mäandrierender Linienbetrieb durch eine Kombination von Linienbetrieb und Richtungsbandbetrieb ersetzt.

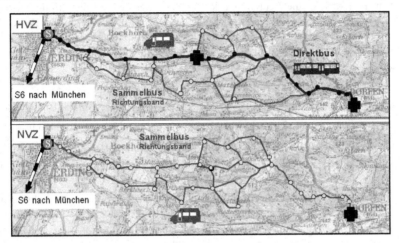

Bild 6.2-3: Überlagerung von Direktbus und Sammelbus

Während der Hauptverkehrszeit (HVZ) verkehrt ein Direktbus auf der Hauptverbindungsstraße und bedient die Orte entlang dieser Straße im Linienbetrieb. Ergänzend hierzu verkehrt ein Sammelbus im Richtungsbandbetrieb und bindet nachfragegesteuert die abseits der Straße liegenden Orte an. Während der Normalverkehrszeit (NVZ) bedient der Sammelbus alle Orte des Korridors und der Betrieb des Linienbusses wird eingestellt. Für den Direktbus wird weiterhin ein Standardlinienbus eingesetzt und für den Sammelbus ein Großraum-Pkw.

6.3 Bewertung der Ergebnisse

Bewertet wurden die beiden Fälle

- Flächendeckender Richtungsbandbetrieb,
- Überlagerung von Direktbus und Sammelbus.

Der Wechsel zwischen Linienbetrieb in der HVZ und Richtungsbandbetrieb in der NVZ wurde schon nach kurzer Zeit wieder eingestellt, weil es zu Streit zwischen den Verkehrsunternehmen gekommen war. Wegen der zu kurzen Erprobungszeit wurde auf eine Bewertung verzichtet.

Der Richtungsbandbetrieb funktionierte bei allen drei Erprobungen von Beginn an bis auf kleine Anlaufschwierigkeiten reibungslos; dies gilt sowohl für die Steuerung und die Zuverlässigkeit des Fahrtablaufs als auch für die Akzeptanz durch Fahrgäste und Betreiber.

Flächendeckender Richtungsbandbetrieb

Datengrundlage für die vergleichende Wirkungsanalyse sind Haushaltsbefragungen, Fahrgastinterviews, Fahrgastzählungen und Befragungen von Betriebsangehörigen der Verkehrsunternehmen. Sie wurden vom Münchner Verkehrs- und Tarifverbund (MVV) durchgeführt und vom Lehrstuhl für Verkehrs- und Stadtplanung wissenschaftlich begleitet. Außerdem wurden die in der Leitzentrale angefallenen Fahrtwunschdaten ausgewertet. Einzelheiten der Wirkungsanalyse finden sich bei HALLER (1999).

Die wichtigen Kriterien für die Beurteilung der Angebotsqualität sind die Anzahl der bedienten Haltestellen (als Ausdruck der Erschließungsdichte des Gebietes), die Anzahl der täglichen Fahrten (als Ausdruck der Bedienungshäufigkeit) und die Fahrzeiten. Die Merkmale der Angebotsqualität lassen sich unmittelbar den jeweiligen Fahrplänen entnehmen.

Der Angebotsvergleich zeigt folgendes Bild:

- 18 Orte, die vor 1995 ohne ÖPNV-Anschluss waren, erhielten eine Haltestelle.
- Die durchschnittliche Haltestellenentfernung reduzierte sich von rd. 900 m auf rd. 600 m.
- Die Fahrzeit zwischen Dorfen und Erding hat von 31 min auf 25 min abgenommen.

Diese Angebotsverbesserung hatte folgenden Einfluss auf die Fahrgastzahlen:

- Das Fahrgastaufkommen im Erdinger Holzland hat um rd. 30 % zugenommen; davon entfallen rd. 10 % auf die neu eingerichteten Haltestellen.
- Das Fahrgastaufkommen an den nachfrageabhängig bedienten Haltestellen hat sich stetig nach oben entwickelt; im dritten Jahr lag es um nahezu 50 % über dem Ausgangsniveau.
- Die größten Steigerungen traten bei den unter 18 jährigen und den über 60 jährigen Fahrgästen auf, die nur in geringem Umfang über einen Pkw verfügen. Bei diesen Gruppen hat auch die Wegehäufigkeit zugenommen.
- Überdurchschnittliche Zunahmen zeigen sich im Einkaufs- und Erledigungsverkehr sowie bei den Teilzeitbeschäftigten und den Beschäftigten mit flexiblen Arbeitszeiten.
- Der Anteil der S-Bahn-Fahrer, die von und zur S-Bahn den Bus benutzen, stieg um 3 %.

Bei den Fragen nach der Handhabung ergab sich folgendes Bild:

- 80 % der Bewohner sind mit den Details und der Handhabung des nachfragegesteuerten ÖPNV vertraut. Irritationen gibt es jedoch in Orten, deren Haltestellen teilweise fest und teilweise nachfrageabhängig bedient werden.
- Die Verfügbarkeit des ÖPNV wird nach Einführung des nachfragegesteuerten Betriebs besser beurteilt; bei der Schnelligkeit und Zuverlässigkeit gibt es keine Abstriche.
- Das Betriebs- und Fahrpersonal hat keine Probleme mit der Handhabung des Systems und begrüßt die neuen Betriebsformen. Da jedoch eine gewisse Eingewöhnung notwendig ist, sind der Austauschbarkeit des Personals Grenzen gesetzt.
- Die Anzahl der bewusst falsch angemeldeten Fahrtwünsche ist äußerst gering.

Beim Betriebsaufwand ergibt sich folgendes Bild:

- Unter der Annahme, dass der vom Richtungsband abgedeckte Korridor im Linienbetrieb nur dann gleichwertig bedient werden kann, wenn zwei parallele Linien eingesetzt werden und das Richtungsband gegenüber der direkten Verbindung einen Mehrweg verursacht, ergibt sich für das Richtungsband eine deutliche Einsparung an Betriebskilometern in der Größenordnung von 30 %. Aus diesen Einsparungen beim Betriebsaufwand resultieren entsprechende Einsparungen bei den Kosten. Weitere Einsparungen sind möglich, wenn anstelle eines Standardlinienbusses Großraumtaxis eingesetzt werden. Der Kilometerpreis sinkt dann von rd. 2,0 €/km auf 0,8 bis 1,0 €/km. Beide Faktoren zusammen ergeben eine Einsparung in einer Größenordnung von 70 %.

Auf Beschluss des Kreistags des Landkreises Erding wurde die Demonstration deshalb in einen Dauerbetrieb überführt.

Überlagerung von Direktbus und Sammelbus

Beim Vorher-Nachher-Vergleich muss beachtet werden, dass das Verkehrsangebot beim Fahrplanwechsel 1995/96 im Rahmen von vorhergehenden Maßnahmen bereits deutlich verbessert worden war. Das sehr stark auf den Schülerverkehr bezogene Angebot vor 1994 mit nur wenigen Fahrten ausserhalb der Schülerbeförderungszeiten wurde durch einen 1-Stunden-Takt während der Hauptverkehrszeit und einen 2-Stunden-Takt während der Normalverkehrszeit ersetzt.

Die Angebotsqualität hat sich über diese Verbesserungen hinaus folgendermaßen verändert:

Tabelle 6.3-1: Vergleich der wichtigsten Angebotskomponenten

Zeitpunkt	Anzahl der Haltestellen	Anzahl der täglichen Verbindungen je Richtung		Fahrzeit zwischen den zentralen Orten
		zwischen den zentralen Orten	von/nach abseits liegenden Orten	
vorher	21	9	9	31 min
nachher	30	12	12	25 min

Diese Zahlen lassen sich wie folgt interpretieren:

- Die Anzahl der Haltestellen hat sich um rd. 50 % erhöht.
- Die Anzahl der täglichen Fahrten hat sowohl zwischen Dorfen und Erding als auch bei den abseits der Hauptstraße liegenden Haltestellen um rd. 30 % zugenommen.
- Bis auf eine Fahrt am frühen Nachmittag besteht ein durchgehender 1-Stunden-Takt.
- Bei annähernd gleichbleibenden Fahrzeiten zwischen den abseits der Hauptstraße liegenden Haltestellen und der Kreisstadt wurde die Fahrzeit zwischen den beiden zentralen Orten um rd. 20 % verkürzt.

Die Entwicklung der Fahrgastzahlen wurde mit Hilfe einer Vorher-Nachher-Untersuchung des Münchner Verkehrs- und Tarifverbundes (MVV) ermittelt.

Bei einem Vergleich der Fahrgastzahlen muss nach Fahrtzwecken differenziert werden:

Tabelle 6.3-2: Veränderung der Anzahl der Fahrgäste

Fahrgäste* entlang der Hauptstraße zwischen Erding und Dorfen			
Zeitpunkt	insgesamt	Schülerverkehr	Berufsverkehr	sonstiger Verkehr**
vorher	437	325	80	32
nachher	502	339	103	60
Fahrgäste* zwischen Orten abseits der Hauptstraße und Erding			
Zeitpunkt	insgesamt	Schülerverkehr	Berufsverkehr	sonstiger Verkehr**
vorher	55	26	11	18
nachher	64	27	15	22
Fahrgäste* auf den übrigen Linien im nordöstlichen Teil des Landkreises			
Zeitpunkt	insgesamt	Schülerverkehr	Berufsverkehr	sonstiger Verkehr**
vorher	1.025	750	161	114
nachher	1.125	776	222	127

*   Fahrten je Tag in beiden Richtungen
** zum sonstigen Verkehr werden Einkaufs-, Erledigungs- und Freizeitverkehr gerechnet

Der Schülerverkehr, der den größten Anteil der Verkehrsnachfrage ausmacht, hängt weniger von der Qualität des Verkehrsangebots als vielmehr von der Jahrgangsstärke der Schüler und der Standortverteilung der Schulen ab. Ebenso wird der Umfang des Berufsverkehrs nicht nur von der Angebotsqualität bestimmt, sondern auch von der Situation im motorisierten Individualverkehr und hier insbesondere von der Parkplatzsituation am Arbeitsplatz. Die stärksten Veränderungen ergeben sich im Einkaufs-, Erledigungs- und Freizeitverkehr.

- Die Anzahl der Fahrten entlang der Hauptstraße zwischen Erding und Dorfen hat insgesamt um 15 % zugenommen.

- Im Berufsverkehr betrug die Zunahme 29 % und im sonstigen Verkehr 88 %.

- Der Schülerverkehr nahm geringfügig um 4 % zu. Sein Anteil am Gesamtverkehr sank wegen des starken Anstiegs im sonstigen Verkehr von 74 % auf 68 %, so dass seine Dominanz etwas geringer wurde.

- Die Anzahl der Fahrten zwischen den Orten abseits der Hauptstraße und Erding hat – allerdings bei geringen Absolutzahlen – um 16 % zugenommen, d. h. in derselben Größenordnung wie entlang der Hauptstraße.

- Im Berufsverkehr betrug die Zunahme 36 % und im Einkaufs-, Erledigungs- und Freizeitverkehr 22 %.

- Der Anteil des Schülerverkehrs sank von 47 % auf 42 %.

Das System aus Direktbussen und Sammelbussen kommt demnach hauptsächlich dem Einkaufs-, Erledigungs- und Freizeitverkehr zugute, während der Berufsverkehr größenordnungsmäßig gleiche Zunahmen wie bei den übrigen Linien aufweist.

Die Kosten des Fahrbetriebs sind nahezu unverändert geblieben. Sie betrugen im Jahr 1999 263.000 €. Nach der Umstellung mussten im Jahr 2002 für den Linienbetrieb 185.000 € und für den Richtungsbandbetrieb 74.500 € aufgewendet werden. Damit konnten die zusätzlichen Fahrkosten für den Sammelbus durch Einsparungen beim Direktbus aufgefangen werden.

Beim Richtungsbandbetrieb kommen zu den Kosten des Fahrbetriebs noch Kosten für die Steuerung des Fahrtablaufs hinzu. Sie setzen sich zusammen aus den Kosten für die zusätzliche Fahrzeugausrüstung und den Kosten für die Erweiterung der Leitzentrale. Die Fahrzeuggeräte kosteten rd. 2.000 € je Fahrzeug. Wenn je Richtungsband 1 Fahrzeug eingesetzt, eine Betriebsreserve von 20 % angesetzt und von einer Lebensdauer der Ausrüstung von 5 Jahren ausgegangen wird, betragen die zusätzlichen Fahrzeugkosten rd. 500 € / Jahr und Richtungsband. Die zusätzlichen Personalkosten für die Steuerung des Fahrtablaufs betrugen im Anwendungsfall Erding insgesamt rd. 27.000 € pro Jahr (Bezugsjahr 2004) und die zusätzliche technische Ausstattung der Zentrale rd. 15.000 €. Bei einer Lebensdauer der EDV von ebenfalls 5 Jahren betragen die Zusatzkosten der Zentrale rd. 30.000 € / Jahr. Sie verteilen sich im Fall des Landkreises Erding auf 6 Richtungsbänder, so dass das einzelne Richtungsband einen Kostenanteil an der Zentrale von rd. 5.000 € / Jahr zu tragen hat. Zusammen mit den Kosten für die Fahrzeugausrüstung sind das dann 5.500 € / Jahr und Richtungsband. Bezogen auf die o. g. Kosten des Fahrbetriebs verursachten die Kosten für die Steuerung des Fahrtablaufs Mehrkosten in Höhe von rd. 7 %. Den ursprünglichen Kosten in Höhe von 263.000 € für den bisherigen ausschließlichen Linienbetrieb stehen dann für die Überlagerung von Direktbus und Sammelbus insgesamt Kosten in Höhe von 265.000 € gegenüber. Angesichts der beachtlichen Verbesserungen in der Angebotsqualität erscheinen diese geringfügigen Mehrkosten von unter 1 % vertretbar.

7 Planung und Realisierung eines Gesamtsystems

7.0 Vorgehensweise

Die Planung erfolgt in Anlehnung an den in Kap. 4 dargestellten Ablauf des Planungsprozesses in den Schritten

1. Darstellung der siedlungsstrukturellen Randbedingungen,
2. Festlegung von Zielen der ÖPNV-Entwicklung,
3. Ermittlung der Verkehrsnachfrage,
4. Beschreibung und Bewertung des bisherigen Angebots,
5. Entwicklung von Maßnahmen für den allgemeinen ÖPNV,
6. Entwicklung von Maßnahmen für den zusätzlichen Schülerverkehr,
7. Abschätzung der Kosten und Einnahmen,
8. Vergleichende Bewertung des bisherigen und des geplanten Angebots.

Die siedlungsstrukturellen Randbedingungen bilden die Grundlage des Verkehrsgeschehens. Sie werden den Zielen der ÖPNV-Entwicklung vorangestellt, weil sie durch die Veränderung der verkehrlichen Ziele in der Regel nicht oder nur langfristig zu beeinflussen sind, wohingegen die Ziele jedoch von den siedlungsstrukturellen Randbedingungen abhängen.

Der Zustand des ÖPNV-Systems umfasst die Nachfrage nach Verkehrsleistungen und das Angebot an Verkehrsleistungen. Dabei muss unterschieden werden zwischen dem vorhandenen Zustand, dem zukünftigen Zustand ohne Maßnahmen (wie die Entwicklung des ÖPNV ohne Veränderungen weiter verläuft) und dem Zustand mit Maßnahmen.

Die Ermittlung der Verkehrsnachfrage beschränkt sich hier auf die bisherige Nachfrage, weil entsprechend den Ausführungen in Kap. 5.1 eine Vorhersage der Nachfrageentwicklung kaum möglich und auch nicht erforderlich ist. Lediglich eine Tendenz der Nachfrageentwicklung wird umrissen. Hier unterscheidet sich die vorliegende Planung von dem üblichen Vorgehen bei der Nahverkehrsplanung und auch von den Richtlinien für die Nahverkehrsplanung, die solche Prognosen enthalten bzw. fordern. Sollten die im konkreten Planungsfall anzuwendenden Richtlinien eine Verkehrsprognose zwingend vorschreiben, muss sie nach den üblichen Verfahren durchgeführt werden. Der Verzicht auf eine Verkehrsprognose bedeutet auch, dass die Einnahmen nicht genau ermittelt werden können. Aber auch die Tarifhöhe ist kaum prognostizierbar, denn sie resultiert aus politischen Entscheidungen, die von den verfügbaren Mitteln der öffentlichen Hand, politisch gewollten sozialen Begrenzungen des Tarifs und der Zahlungsbereitschaft der Verkehrsteilnehmer abhängen, die ebenfalls kaum prognostizierbar sind, zumal die Zahlungsbereitschaft der Verkehrsteilnehmer unmittelbar von der Entwicklung der Kraftstoffpreise abhängt. Aus diesen Gründen bleibt nur die Möglichkeit einer groben pauschalen Abschätzung der Einnahmen.

Maßgebend für die Beschreibung und Bewertung des bisherigen Angebots (Schritt 4) sind die in Schritt 2 festgelegten Ziele der ÖPNV-Entwicklung. Im Gegensatz zu den meisten Nahverkehrsplänen wird die Beschreibung des bisherigen Angebots hier auf diejenigen Sachverhalte beschränkt, die einen Beitrag zu den Zielkriterien liefern. Eine darüber hinaus gehende Beschreibung des Angebots würde nur unnötigen Aufwand verursachen und für die Maßnahmenentwicklung keinen Nutzen bringen. Die Bewertung des bisherigen Zustands erlaubt die Identifizierung von Mängeln und gibt Hinweise auf die erforderlichen Maßnahmen.

Die Mängel sind Ausgangspunkt für die Entwicklung von Maßnahmen. Dabei wird entsprechend dem im Kap. 3 erläuterten Prinzip zwischen allgemeinem ÖPNV und zusätzlichem Schülerverkehr unterschieden. Grundlage des Maßnahmenentwurfs sind die in Kap. 3 erläuterten flexiblen Betriebsweisen mit den Betriebsformen Linienbetrieb, Richtungsbandbetrieb und Sektorbetrieb. Der Entwurf selbst erfolgt mit Hilfe der in Kap. 5 wiedergegebenen Verfahren. Dabei werden die Maßnahmen bis hin zu Rahmenfahrplänen konkretisiert, weil nur auf diese Weise eine Kostenschätzung möglich ist.

Ausgangspunkt der Kostenschätzung sind ein Mengengerüst, das sich aus den vorgesehenen Maßnahmen ableitet, sowie ortsbezogene spezifische Kosten der einzelnen Mengenkomponenten. Eine solche Kostenschätzung fehlt in den meisten Nahverkehrsplänen, so dass ein Abwägen zwischen dem Umfang und der Qualität des Angebots einerseits und Kosten andererseits nicht möglich ist.

Die vergleichende Bewertung im Arbeitsschritt 8 umfasst sowohl das Angebot als auch die Kosten. Sie ermöglicht es, den erwarteten Erfolg der Planung zu beurteilen.

Bei dem hier dargestellten Planungsfall handelt es sich um den Landkreis Grafschaft Bentheim. Für diesen Landkreis wurde – eingebettet in das vom BMBF geförderte Forschungsprojekt MOB[2] – vom Lehrstuhl für Verkehrs- und Stadtplanung der Technischen Universität München (2003 umgewidmet in Lehrstuhl für Verkehrstechnik) gemeinsam mit der Landkreisverwaltung eine Nahverkehrsplanung erarbeitet. Dies geschah im Zusammenhang und in Rückkoppelung mit der Weiterentwicklung der theoretischen Grundlagen. In den nachfolgenden Darstellungen wird versucht, von den ortsspezifischen Einzelheiten des Planungsfalls soweit wie möglich zu abstrahieren und das Grundsätzliche herauszuarbeiten.

7.1 Siedlungsstruktureller Rahmen

Nachfolgend sind diejenigen Merkmale der Siedlungsstruktur, die für die Nahverkehrsplanung von Bedeutung sind, genannt und am Beispiel des Landkreises Grafschaft Bentheim dargestellt. Einfluss auf die Verkehrsnachfrage und das Angebot im ÖPNV haben vor allem die geografische Lage und die funktionale Gliederung des Landkreises, die Anzahl und räumliche Verteilung der Einwohner, die Wirtschaftsstruktur sowie die Art und die räumliche Verteilung der Bildungs-, Sozial- und Freizeiteinrichtungen.

Lage und funktionale Gliederung

Der Landkreis Grafschaft Bentheim liegt im Südwesten Niedersachsens. Er grenzt im Süden an Nordrhein-Westfalen und im Westen an die niederländischen Provinzen Overijsel und Drenthe. Durch die Lage im Grenzraum zu den Niederlanden ist der Landkreis in den grenzüberschreitenden Zusammenschluss EUREGIO eingebunden.

Bild 7.1-1:: Funktionale Gliederung des Landkreises
Grafschaft Bentheim

Die funktionale Gliederung wird hauptsächlich durch das System der zentralen Orte und den Verlauf der übergeordneten Verkehrswege bestimmt.

Kreisstadt des Landkreises ist das Mittelzentrum Nordhorn mit knapp 55.000 Einwohnern. Es liegt in Nord-Süd-Richtung zwar in der Mitte des Landkreises, grenzt im Westen aber unmittelbar an die Niederlande. Die übrigen in der Abbildung 7.1-1 dargestellten Orte des Landkreises sind Grundzentren. Weitere Mittelzentren liegen in den benachbarten Landkreisen Emsland und Steinfurt sowie in den angrenzenden Niederlanden.

Den nördlichen Teil des Landkreises bildet die Niedergrafschaft. Sie ist mit teilweise 40 E/km^2 sehr dünn besiedelt und weist eine Vielzahl verstreut liegender kleiner Orte auf. Südlich von Nordhorn befindet sich die Obergrafschaft. Hauptort ist das Grundzentrum Bad Bentheim mit rd. 15.000 Einwohnern. Bentheim ist Mittelpunkt einer in Ost-West-Richtung verlaufenden Siedlungsachse. Zwischen Bad Bentheim und Nordhorn findet sich kaum Besiedlung, sondern lediglich ein großes Waldgebiet, das die Trennung zwischen der Obergrafschaft und der Niedergrafschaft noch verstärkt.

Insgesamt zeigt die Besiedlung nicht die in vielen Landkreisen dominierende sternförmige Ausrichtung auf die Kreisstadt, sondern die Form eines umgekehrten „T" mit einer starken Nord-Süd-Ausprägung des gesamten Landkreises und der Betonung einer Ost-West-Achse im Süden des Landkreises. Die sternförmige Ausrichtung auf Nordhorn tritt dagegen zurück, nicht zuletzt, weil unmittelbar westlich von Nordhorn die Staatsgrenze verläuft.

Im Straßenverkehr ist der Landkreis nach außen gut an das Fernstraßennetz angebunden und im Inneren gut durch Bundes-, Landes- und Kreisstraßen erschlossen. In Ost-West-Richtung verläuft die Bundesautobahn 30 als großräumige Verbindung zwischen Osnabrück und Amsterdam. Seit Ende 2004 wird der Landkreis im Osten auch von der Autobahn 31 zwischen Ruhrgebiet und Nordsee durchquert. Innerhalb des Landkreises verlaufen die Bundesstrasse 213, die Nordhorn mit den Niederlanden (dort unter der Bezeichnung N 3452) sowie mit der Stadt Lingen im benachbarten Landkreis Emsland verbindet, und als hauptsächliche Verkehrsachse die Bundesstrasse 403, die den Landkreis in Nord-Süd Richtung durchschneidet.

Im Schienenverkehr wird der Landkreis im Süden von der Schienenstrecke Hannover–Amsterdam durchquert. Auf dieser Strecke verkehren IC-Züge und zwischen Rheine und Bad Bentheim Regionalzüge. In Bad Bentheim findet auch die Verknüpfung des landkreisbezogenen Nahverkehrs mit dem Regional- und Fernverkehr statt. Unmittelbar südlich des Landkreises verläuft die Strecke Münster–Ochtrup–Gronau–Enschede. Weitere Bedeutung für die Grafschaft hat die IC-Strecke Norddeich–Düsseldorf.

Anzahl und räumliche Verteilung der Einwohner

Der Landkreis weist eine dynamische Bevölkerungsentwicklung auf. Die Bevölkerung im Landkreis Grafschaft Bentheim nahm zwischen 1970 und 2000 um über 15.000 Einwohner zu und erreichte im Jahr 2002 einen Stand von rd. 132.000 Einwohnern. Während die natürliche Bevölkerungsentwicklung seit Mitte der 70er Jahre relativ stabil blieb, sind die Wanderungssalden seit 1988 positiv. Der Wanderungsgewinn resultiert zu rd. 75% aus dem Zuzug von Aussiedlern aus der ehemaligen Sowjetunion. Es ist davon auszugehen, dass dieser Zuzug noch einige Jahre anhalten wird. Aufgrund der günstigen Altersstruktur der Zuwanderer weist der Landkreis eine im Vergleich zum übrigen Regierungsbezirk junge Bevölkerung auf.

Die Motorisierung der Bevölkerung betrug 1997 etwas über 500 Pkw/1000 Einwohner. Dies entspricht ungefähr dem Durchschnitt für die alten Bundesländer. Die Verfügbarkeit der individuellen Verkehrsmittel im Landkreis ist sehr hoch. Sie beträgt beim Pkw knapp 80 %, beim Kraftrad knapp 70 % und beim Fahrrad fast 100 %.

Wirtschaftsstruktur

Die Wirtschaft im Landkreis ist von einem seit Anfang der siebziger Jahre anhaltenden Strukturwandel geprägt. In den letzten zehn Jahren wurde nach dem Niedergang der Textilindustrie mit Erfolg versucht, neben Gewerbebetrieben anderer Branchen vor allem Unternehmen des tertiären

Wirtschaftssektors (Dienstleistung, Handel, Verkehr) anzusiedeln. Dennoch ist das produzierende Gewerbe mit einem Anteil von fast 60 % der Beschäftigten noch immer der wichtigste Stützpfeiler der Wirtschaft, obwohl die dominierenden Standorte von früher fehlen.

Die Landwirtschaft mit ihren hauptsächlichen Standorten in der Niedergrafschaft ist für den Landkreis immer noch ein wichtiger Wirtschaftssektor. Der Anteil der in diesem Sektor Beschäftigten hat sich zwar von 10 % im Jahre 1987 auf 6,5 % im Jahre 1997 verringert, und die Anzahl der Betriebe hat in diesem Zeitraum um 40 % abgenommen, dennoch hat es keine wesentlichen Veränderungen in der landwirtschaftlich genutzten Gesamtfläche gegeben. Die Entwicklung geht von kleinen traditionellen Familienbetrieben zu Großbetrieben.

Im Einzelhandel weist die Stadt Nordhorn mit 7,7 Betrieben/1000 Einwohner eine vergleichsweise hohe Konzentration auf. Für weite Teile der Grafschaft ist Nordhorn deshalb das wichtigste Einkaufsziel. Nordhorn steht jedoch in Konkurrenz zu den Nachbarstädten außerhalb des Landkreises, die aus einigen Ortschaften des Landkreises besser erreichbar sind als Nordhorn. Wegen der Konkurrenz dieser Mittelzentren ist es in den letzten Jahren zu einer Abwanderung von Kaufkraft aus dem Landkreis gekommen.

Bildungseinrichtungen

Die Bildungseinrichtungen im Landkreis sind stark dezentralisiert. In jedem größeren Ort gibt es Grundschulen und in jedem Samtgemeindezentrum eine Haupt- und Realschule. Einschließlich eines Fachgymnasiums besitzt der Landkreis sieben öffentliche Gymnasien sowie ein privates Gymnasium in kirchlicher Trägerschaft.

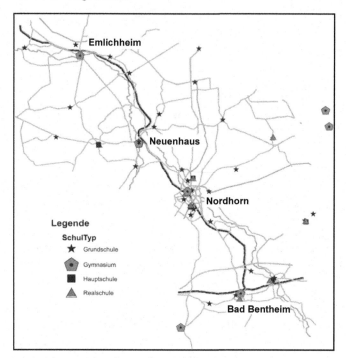

Bild 7.1-2:   Standorte der allgemeinbildenden Schulen

Während bis zum Beginn des Schuljahres 2004/05 in den öffentlichen Gymnasien die 5. und 6. Klassen in die sog. Orientierungsstufe eingegliedert waren, bot Bardel schon immer ein Vollgymnasium von der 5. Klasse ab an, das sich deshalb großer Beliebtheit erfreut und einen großen Einzugsbereich aufweist. Damit kommt es zu einer räumlichen Verzerrung des Schülerverkehrs.

Ein zunehmend wichtiger Bestandteil der schulischen Bildung wird zukünftig der Nachmittagsunterricht sein, entweder in Form von Arbeitsgemeinschaften oder als Regelunterricht. Ein solcher Nachmittagsunterricht ist gegenwärtig wegen des Fehlens einer flächendeckenden ÖPNV-Erschließung nur begrenzt möglich. Er erfordert eine Neuausrichtung des ÖPNV-Angebots.

An Sonderschulen bietet der Landkreis eine quantitativ ausreichende Versorgung. Angesichts ihrer geringen Anzahl sind jedoch oft lange Schulwege zu bewältigen.

Die berufsbildenden Schulen (kaufmännisch, gewerblich, hauswirtschaftlich) des Landkreises befinden sich in Nordhorn. Weitere Berufsschulen mit Bedeutung für die Grafschaft liegen außerhalb des Landkreises.

Soziale Einrichtungen

Zu den sozialen Einrichtungen zählen alle örtlichen und regionalen Dienste wie Kindergärten und Spielkreise, Einrichtungen der Jugendpflege und der Erziehungs- und Familienhilfe, Krankenhäuser, stationäre Altenhilfeeinrichtungen, Sozialstationen, ambulante Dienste, Einrichtungen der Behindertenhilfe sowie alle Formen von Beratungsstellen.

Krankenhäuser befinden sich in Nordhorn und Bad Bentheim. Die übrigen sozialen Einrichtungen sind über den gesamten Landkreis verteilt.

Freizeiteinrichtungen

Besondere Freizeiteinrichtungen wie Naturparks und größere Unterhaltungseinrichtungen weist der Landkreis nicht auf.

7.2 Ziele der ÖPNV-Entwicklung

7.2.1 Zielvorgaben

Zielvorgaben für die ÖPNV-Entwicklung sind in Raumordnungsprogrammen der Länder und der Landkreise enthalten. Hier werden beispielhaft Auszüge aus dem Landes-Raumordnungsprogramm Niedersachsen (1994) wiedergegeben:

„In ländlichen Räumen ist grundsätzlich eine Raum- und Siedlungsstruktur zu entwickeln, die der Erhaltung, Erneuerung und Weiterentwicklung von Städten und Dörfern dient sowie zur Funktionsstärkung der Mittel-Grundzentren beiträgt, eine Standort- und Lebensqualität verbessernde Infrastrukturentwicklung gewährleistet, insbesondere im Bildungs- und Kulturbereich, im Erholungs- und Freizeitbereich, bei der Versorgung mit neuen Informations- und Kommunikationstechniken, der Verkehrserschließung und -bedienung – vor allem durch Verbesserung im öffentlichen Personennahverkehr – sowie der Versorgung mit Gütern des täglichen Bedarfs.

Hohen Stellenwert muss künftig der ÖPNV haben. In den Ordnungsräumen muss die Infrastruktur des ÖPNV weiter ausgebaut werden. In den ländlichen Räumen muss den rückläufigen Beförderungszahlen im ÖPNV durch ein verbessertes öffentliches Verkehrsangebot begegnet werden.

In den ländlichen Räumen ist der ÖPNV zu sichern, zu verbessern und auszubauen. Eine qualitativ angemessene Verkehrsbedienung sowie eine bedarfsgerechte Linienführung und Fahrplangestaltung sind sicherzustellen; dies gilt auch für die Flächenerschließung dünn besiedelter Teilräume. Ein auf den Schienenverkehr abgestimmtes und auf die Siedlungsstruktur ausgerichtetes Bussystem ist vorzuhalten. Dabei ist auf die Erschließung siedlungsnaher Erholungsgebiete zu achten.

Die Anbindung von Erholungsgebieten sowie Sport- und Freizeitanlagen ist durch den ÖPNV zu sichern und nach Möglichkeit zu verbessern. "

In den Erläuterungen sind zur Erreichung der Ziele u. a. folgende Maßnahmen genannt:

* Abbau gebrochener Verkehre durch neue oder verlängerte Linien,
* Verbesserung der Erreichbarkeit durch Verdichtung des Netzes,
* Erhöhung der Fahrplandichte,
* Verkürzung der Fahrzeiten,
* Einsatz komfortabler Fahrzeuge,
* Vorrang für ÖPNV vor Individualverkehr (grüne Welle, Busspuren).

Solche Programme sind wenig konkret und enthalten lediglich allgemeine politische Willensäußerungen. Ihnen fehlt vor allem der Abgleich der Ziele mit den finanziellen Möglichkeiten der betroffenen Gebietskörperschaften. Zur Entwicklung von Maßnahmen tragen derartige Programme wenig bei. Außerdem fehlen Hinweise auf flexible Betriebsweisen.

7.2.2 Konkretisierung der Ziele mit Hilfe von Anspruchsniveaus

Die in einem Planungsfall zu verfolgenden Ziele sind durch die Entscheidungsgremien der zuständigen Gebietskörperschaft festzulegen. Dabei sind die Zielvorgaben der Raumordnungsprogramme und die in Kap. 4.2.1 definierte Rolle des ÖPNV zu beachten. Die Konkretisierung der Ziele geschieht mit Hilfe von Anspruchsniveaus (welches Maß der Zielerreichung wird angestrebt?), die den in Kap. 4.2.2 aufgelisteten Zielkriterien zugeordnet werden.

Anspruchsniveaus brauchen in der Regel nur für den allgemeinen ÖPNV festgelegt zu werden. Für den Schülerverkehr gehen die Anspruchsniveaus aus Schülerbeförderungssatzungen hervor, die von den Landkreisen meist schon als Beschluss vorliegen.

Da die Entscheidungsträger mit der eigenständigen Formulierung von Anspruchsniveaus in der Regel überfordert sind, bleibt nichts anderes übrig, als dass der Planer diese Anspruchsniveaus in Abstimmung mit der Verwaltung formuliert und sie dem Kreistag zur Entscheidung vorlegt. Wenn nachfolgend Anspruchsniveaus genannt werden, ist darauf hinzuweisen, dass sie nicht allgemeingültig sind, sondern auf die Bedürfnisse des Landkreises Grafschaft Bentheim zugeschnitten und aus einem Diskussionsprozess mit dem Landkreis entstanden sind.

Länge des Weges von und zur Haltestelle

Für die Länge des Weges von der Startadresse zur nächsten Haltestelle sollten folgende Grenzwerte eingehalten werden:

Tabelle 7.2-1: Grenzwerte für die Wegelänge zu und von der Haltestelle

Siedlungstyp		max. Abstand zur nächsten Bushaltestelle [m]
Mittelzentrum	zentraler Bereich	300
	Gebiete mit hoher Nutzungsdichte	400
	Gebiete mit geringer Nutzungsdichte	600
Grundzentrum	zentraler Bereich	400
	übriges Gebiet	600
	Gemeinde	600

Beförderungsgeschwindigkeit

In der Literatur finden sich keine Werte für die Beförderungsgeschwindigkeit. Alternativ werden maximale Beförderungszeiten innerhalb des Systems der zentralen Orte angegeben:

Tabelle 7.2-2: Beförderungszeiten zwischen zentralen Orten in Min.

von......... ...nach	Gemeinde	Grundzentrum	Mittelzentrum	Oberzentrum
Gemeinde		20	50	120
Grundzentrum			30	100
Mittelzentrum				70

Diese Werte werden vom Planer als zu hoch angesehen. Ohnehin eignen sich Beförderungsgeschwindigkeiten besser für die Beschreibung der Angebotsqualität als Beförderungszeiten, denn sie sind unabhängig von topografischen Gegebenheiten (z. B. Umwege wegen fehlender Übergänge über Gewässer) und beziehen die Entfernungen mit ein.

Die Beförderungszeit hängt bei Umsteigeverbindungen auch von der Umsteigewartezeit ab. Diese sollte möglichst kurz sein. Zum Ausgleich von Verspätungen ist jedoch ein Zeitpuffer zwischen der Ankunftszeit des Zubringerbusses und der Abfahrtszeit des Abholerbusses notwendig. Seine Größe hängt von der Zuverlässigkeit des Betriebs ab. Je nach Art des Übergangs und der Weglänge für das Umsteigen werden folgende Ober- und Untergrenzen der Umsteigewartezeit angestrebt:

Tabelle 7.2-3: Obergrenze und Untergrenze für Umsteigewartezeiten in Min.

von.........nach	Bahn Fernverkehr	Bahn Nahverkehr	Bus Regionalverkehr	Bus Innerortsverkehr
Bahn, Fernverkehr			5-15	5-15
Bahn, Nahverkehr			5-15	5-15
Bus, Regionalverkehr	10-20	8-15	5-10	5-10
Bus, Innerortsverkehr	10-20	8-15	5-10	5-10

Da die Fahrzeuge höherrangiger Systeme in der Regel nicht auf die Fahrzeuge niederrangiger Systeme warten können, müssen die Anschlusszeiten von den niederrangigen auf die höherrangigen ÖPNV-Systeme länger sein als umgekehrt. Dies gilt auch für gleichrangige Übergänge, wenn die Zubringerlinie oft Verspätungen hat.

Aufgrund der Vernetzung der Linien können nicht an allen Stellen ideale Anschlusszeiten gewährleistet werden. Bei Zeitkonflikten müssen Prioritäten gesetzt und an einem nachgeordneten Verknüpfungspunkt ungünstige Umsteigewartezeiten in Kauf genommen werden.

Anzahl der Umsteigevorgänge, Umsteigewege

Da aus wirtschaftlichen Gründen nicht alle Verkehrsbeziehungen durch direkte Verbindungen abgedeckt werden können, sind Umsteigevorgänge unvermeidlich. Dies gilt insbesondere, wenn unterschiedliche Betriebsformen miteinander kombiniert werden. Die Umsteigewege sollten kurz sein. Wenn möglich, sollte der Abfahrtspunkt an derselben Haltestelle liegen wie der Ankunftspunkt. Wenn beim Umsteigen eine stark befahrene Straße überschritten werden muss, ist der Übergang zu sichern.

Betriebsdauer

Die Betriebsdauer sollte an Werktagen und Samstagen gleich sein und so festgelegt werden, dass Fahrgäste im Berufsverkehr die Kreisstadt bis 6.30 Uhr und die Verknüpfungspunkte mit der Bahn bis 7 Uhr erreichen können. Die letzten Fahrten von der Kreisstadt in die Region sollten gegen 22 Uhr erfolgen. Wenn spätere Fahrten erforderlich sind, sollten sie von Spezialverkehren wie Anruf-Sammeltaxis und Disco-Bussen erbracht werden.

Die Nachfrage ist an Sonn- und Feiertagen aufgrund des Fehlens wichtiger Aktivitäten wie Arbeiten, Bilden und Einkaufen bedeutend geringer als an den Werktagen. Deshalb kann die Betriebsdauer an Sonn- und Feiertagen auf die Zeit von 10 bis 19 Uhr begrenzt werden.

Fahrtenfolgezeit

In ländlichen Räumen bestehen außerhalb des Schülerverkehrs in der Regel keine Kapazitätsprobleme. Deshalb ist die Bedienungshäufigkeit in erster Linie das Ergebnis einer politischen Entscheidung, die den Zielsetzungen der Daseinsvorsorge entspringt, und nicht das Ergebnis einer Dimensionierung aufgrund der Nachfrage. Aus diesem Grund wird bei der Festlegung der Bedienungshäufigkeit nach Wochentagsgruppen (werktags, samstags, sonn- und feiertags) unterschieden. Aufgrund der zunehmenden Bedeutung der Dienstleistungen, die auch am Samstag nachgefragt werden, sollten Samstage und Werktage – allerdings ohne etwaige Verstärkungen im Berufsverkehr – gleichgestellt werden.

Für die Verbindungen zwischen den verschiedenen Siedlungstypen gelten folgende Vorgaben (im Einzelfall oder an Sonn- und Feiertagen sind die in Klammer gesetzten Werte ausreichend):

Tabelle 7.2-4: Fahrtenfolgezeiten an Werktagen und Samstagen in Min.

von....nach	SOT	KG	OT	ST	GZ	MZ
SOT					60^1	60
KG		$60/(120)^{1)}$	$60/(120)^{1)}$		$60/(120)^{1)}$	$60/(120)$
OT		$60/(120)^{1)}$	$60/(120)^{1)}$		$60/(120)^{1)}$	$60/(120)$
ST				60	$60/(120)^{1)}$	60
GZ	$60^{1)}$	$60/(120)^{1)}$	$60/(120)^{1)}$	$60/(120)^{1)}$	(60)	$60/(120)$
MZ	60	$60/(120)$	$60/(120)$	60	$60/(30)$	60

SOT: Solitärer Ortsteil, KG: Kompaktgemeinde, OT: Ortsteil, ST: Stadtteil, GZ: Grundzentrum,
MZ: Mittelzentrum, OZ: Oberzentrum
[1)] nur innerhalb derselben Verwaltungseinheit

Grundtakt sind 60 Minuten. Bei hoher Belastung oder Anschlussproblemen kann der Takt auf 30 Minuten verdichtet und bei geringer Belastung auf 120 Minuten ausgedünnt werden.

Abweichungen vom Fahrplan

Abweichungen vom Fahrplan können sich beim Eintreffen an den einzelnen Haltestellen sowie bei der Einhaltung von Anschlüssen ergeben. Ursache für Verspätungen sind häufig Behinderungen des ÖPNV durch den allgemeinen Straßenverkehr. Technische Pannen bei den Bussen sind dagegen selten. Abweichungen vom Fahrplan können aber auch auftreten, wenn die vorgegebenen Fahrzeiten beim Fahrplanentwurf zu kurz oder zu lang bemessen wurden.

In der Literatur finden sich keine Vorgaben für die Zuverlässigkeit. Deshalb sind für den vorliegenden Planungsfall auch keine Anspruchsniveaus für die Zuverlässigkeit genannt worden. Die während des Betriebs gemessenen Zuverlässigkeitswerte müssen nachträglich beurteilt werden. Wenn diese Werte nicht befriedigen, ist zu versuchen, die Störungsquellen aufzudecken und die Störungen zu beseitigen, oder die Zeitvorgaben müssen verlängert werden.

Unfallgefährdung

Die technische Sicherheit ist aufgrund der Sicherheitsvorschriften für die Fahrzeuge und die baulichen Anlagen gewährleistet. Für die verkehrliche Sicherheit beim Fahrtablauf und beim Haltestellenzugang und Haltestellenabgang sind Richtlinien für den Ausbau von Straßen sowie die Straßenverkehrsordnung maßgebend. Hier muss besonderes Augenmerk auf eine gefahrlose Querung der Straßen durch die Fahrgäste, insbesondere durch Schüler, gelegt werden.

Gefahr von kriminellen Übergriffen

Die kriminellen Übergriffe innerhalb der Fahrzeuge sind aufgrund der Anwesenheit des Fahrers relativ selten. Dennoch entsteht häufig das subjektive Gefühl einer Gefährdung. Für die Notfallkommunikation müssen alle Fahrzeuge mit Betriebsfunk ausgestattet werden, oder der Fahrer muss über ein Handy verfügen.

An den Haltestellen sind die wartenden Fahrgäste auf sich allein gestellt. Diese Gefahr ist allerdings nicht größer als die Gefahr für Fußgänger an den meisten anderen Stellen im öffentlichen Straßenraum. Sie kann mit ausreichender Beleuchtung des Warteplatzes und dessen Umgebung vermindert werden. Bei Wartehäuschen sollte auf Transparenz geachtet werden. Übersichtliche und helle Haltestelleneinrichtungen vermitteln dem Fahrgast das Gefühl einer hohen Sicherheit.

Ausstattung der Haltestellen

Bei den Haltestellen können folgende Typen unterschieden werden:

- Einfache Ausstattung:

  Haltestellenmast mit Haltestellensymbol, Haltestellenname sowie Nummern der dort bedienenden Linien / Richtungsbänder / Sektoren.

- Mittlere Ausstattung:

  Haltestellenmast mit Haltestellensymbol, Haltestellenname sowie Nummern, Fahrtrichtungen und Fahrplänen der dort bedienenden Linien / Richtungsbänder / Sektoren.

- Vollausstattung:

  Haltestellenmast mit Haltestellensymbol, Haltestellenname, Nummer, Fahrtrichtung und Fahrplan der dort bedienenden Linien / Richtungsbänder / Sektoren, Netzinformation, Tarifinformation sowie Witterungsschutz in Form eines dreiseitig geschlossenen, transparenten Wartehäuschens.

Im Sektorbetrieb ist die einfache Ausstattung ausreichend. Auf den Aushang eines Fahrplans sollte verzichtet werden, um nicht den Eindruck einer ständig bedienten Haltestelle zu erwecken. Stattdessen ist ein Hinweis auf den nachfragegesteuerten Betrieb mit Angabe von Takt und Betriebsdauer anzubringen sowie die Telefonnummer für die Anmeldung zu nennen.

Im Richtungsbandbetrieb genügt für die seltener bedienten Haltestellen die einfache Ausstattung. Für die häufiger bedienten oder die aufgrund des Straßennetzes bei jeder Fahrt angefahrenen Haltestellen ist die mittlere Ausstattung das Minimum, allerdings wie im Sektorbetrieb ohne Fahrplanaushang und mit Hinweis auf den nachfragegesteuerten Betrieb. Bei stark belasteten Haltestellen sollte nach Möglichkeit die Vollausstattung gewählt werden.

Im Linienbetrieb genügen bei geringer Belastung Haltestellen mit mittlerer Ausstattung. Bei hoher Belastung ist die Vollausstattung zu fordern. Die Fahrpläne sollten leicht verständlich und von der Schriftgröße her gut lesbar sein. Soweit wie möglich sollten die Wartehäuschen eine eigene Beleuchtung aufweisen oder zumindest so aufgestellt werden, dass die Straßenbeleuchtung genutzt werden kann.

An stark befahrenen Straßen (Hauptverkehrsstraßen) sollten die Haltestellen in Form von Busbuchten ausgebildet werden, um den fließenden Verkehr während des Haltevorgangs nicht zu beeinträchtigen. An geringer belasteten Straßen ist der Fußweg oder eine befestigte Fläche am Straßenrand die geeignete Lösung. Lediglich in Ortslagen mit parkenden Fahrzeugen am Straßenrand empfiehlt sich ein Vorziehen des Fußwegs bis zur Fahrbahn, so dass ein „Buskap" entsteht.

Eigenschaften der Fahrzeuge

Nachfolgend sind wünschenswerte Ausstattungsmerkmale der Fahrzeuge zusammengestellt:

Tabelle 7.2-5: Ausstattungsmerkmale der Fahrzeuge

	Standard-, Midi- und Gelenkbusse	Kleinbusse (8-Sitze)
Einstieg		
Niederflur	■	□
Kneeling	■	
Rollstuhl-Rampe		□
Hochdach		■
Technische Ausstattung		
Automatikgetriebe	■	□
Abgasnorm Euro III oder besser	■	■
LSA-Beeinflussung	■	
Inneneinrichtung		
Abstellmöglichkeiten	■	■
Rollstuhlabstellfläche	■	□
Gepäckablage	□	
Fahrradmitnahme	□	
Fahrgastinformation		
Linienkennung/ Zielanzeige	■	■
Haltestellenanzeige (statisch)	■	
Haltestellenanzeige (dynamisch)	□	
Haltestellenansage (manuell)		■
Haltestellenansage (elektronisch)	■	
Informationstafel	□	
Fahrausweiserwerb		
beim Fahrer	■	■
Automat	□	

■ unbedingt, □ nach Möglichkeit

Die den Beförderungskomfort bestimmenden Eigenschaften des Fahrzeugs sind das Erscheinungsbild, die Fahreigenschaften, die Einstiegs- und Ausstiegsverhältnisse sowie das Angebot an Abstellflächen. Daraus leiten sich folgende Anforderungen an die Fahrzeuge ab:

- Das Alter der Busse sollte 15 Jahre bei Linienbussen und 8 Jahre bei 8-sitzigen Minibussen oder Großraumtaxis nicht überschreiten.

- Neu angeschaffte Fahrzeuge sollten niederflurig sein. Solche Fahrzeuge gehören mittlerweile zum technischen Standard des ÖPNV und sind Bedingung für die Förderung.

- Großraumtaxis, die im Sektorbetrieb regelmäßig eingesetzt werden, müssen ein Hochdeck mit einer Stehhöhe von mindestens 1,8 m aufweisen.

- Um das Fahrrad als Zubringer- und Abbringer-Verkehrsmittel nutzen zu können, muss in den Standardbussen die Mitnahme von Fahrrädern und Fahrradanhängern möglich sein.

- Zur Beförderung mobilitätseingeschränkter Personen (dazu zählen nicht nur Rollstuhlfahrer, sondern auch Senioren und Eltern mit Kinderwagen) müssen die Fahrzeuge ein hydraulisches Absenken des Fahrzeugbodens (Kneeling) ermöglichen sowie manuell einsetzbare Rampen an der Einstiegstür und ausreichende Abstellfläche für den Transport von Rollstühlen und Kinderwagen aufweisen.

- Für den Gepäcktransport sollten Ablagen vorgesehen werden, die auch von älteren Fahrgästen benutzt werden können. Fahrräder können auf den Abstellflächen im Fahrzeug transportiert werden. Bei einer größeren Anzahl von Fahrrädern ist an einen Fahrradanhänger zu denken.

Um den Forderungen nach einem „Corporate Design" gerecht zu werden, ist ein ortsbezogen einheitliches Erscheinungsbild der Fahrzeuge zu entwickeln.

Besetzungsgrad der Fahrzeuge

Ein ausreichendes Sitzplatzangebot ist im ÖPNV in ländlichen Räumen mit Ausnahme des Schülerverkehrs in der Regel vorhanden. Beim nachfragegesteuerten Betrieb wird die Anzahl der eingesetzten Fahrzeuge on-line an die Nachfrage angepasst, so dass auch hier ein ausreichendes Sitzplatzangebot unterstellt werden kann.

Übersichtlichkeit des Fahrplans und der Tarifstruktur

In ländlichen Räumen hat die Übersichtlichkeit des Angebots oft unter räumlich variierenden Linienverläufen und tageszeitlich variierenden Abfahrtszeiten zu leiden. Auf solche Varianten sollte im Linienverkehr verzichtet werden. Fahrwegvarianten im nachfragegesteuerten Verkehr sind Systemmerkmale dieser Betriebsform und beeinträchtigen in der Regel die Übersichtlichkeit des Verkehrsangebotes nicht. Bei der Schülerbeförderung sind aus Kostengründen mäandrierende Sammelvorgänge unvermeidlich. Die Fahrten des zusätzlichen Schülerverkehrs sollten zwar in den Fahrplan aufgenommen werden, dürfen aber dessen Übersichtlichkeit für den allgemeinen ÖPNV nicht beeinträchtigen. Ein 60-Minuten-Takt fördert die Merkbarkeit des Fahrplans.

Ein Landkreis der vorliegenden Größe erfordert aus Gerechtigkeitsgründen eine Tarifdifferenzierung nach Zonen. Bei der Zoneneinteilung sollte nach Zeit- und Dauerfahrausweisen einerseits und Einzelfahrtausweisen andererseits differenziert werden. Bei Zeit- oder Dauerfahrausweisen spielt die Übersichtlichkeit des Tarifsystems nur eine untergeordnete Rolle, weil die benutzten Tarifzonen nur einmal bestimmt zu werden brauchen. Wichtiger ist wegen der regelmäßigen Wiederholung der Fahrten die Gerechtigkeit. Aus diesen Gründen sollte die Einteilung in Tarifzonen bei Zeit- oder Dauerfahrausweisen feingliedrig sein. Bei Einzelfahrausweisen dominiert die Forderung nach Übersichtlichkeit. Die Gerechtigkeit steht dagegen im Hintergrund, weil sich Ungerechtigkeiten bei einzelnen Fahrten über die Summe aller unternommenen Fahrten ausgleichen.

Eine Differenzierung der Fahrscheinarten nach Einzelfahrscheinen, Mehrfachfahrscheinen sowie Zeit- und Dauerfahrtausweisen ist heute üblich. Ebenso wird unterschieden nach Fahrpreisen für Erwachsene und Kinder sowie – in Einzelfällen – nach bestimmten Tageszeiten und Wochentagen.

Entrichtung des Fahrpreises

Die Fahrgeldentrichtung erfolgt beim Fahrer oder in der Mobilitätszentrale. Auch hier müssen zukünftig neue Medien wie die Geldkarte oder das elektronische Ticketing stärker in den Vordergrund treten und die herkömmlichen Formen ersetzen. An den Verkehrsschwerpunkten sollten Automaten aufgestellt werden, an denen auch eine Zahlung mit der Geldkarte möglich ist. Das elektronische Ticketing ermöglicht eine Vereinfachung der heute teilweise noch sehr unübersichtlichen Tarifstruktur. Es erlaubt ferner, die Verkehrsbeziehungen automatisch zu erfassen. Es ist deshalb notwendig, die technische Entwicklung zu beobachten und die für den ÖPNV in ländlichen Räumen geeigneten Weiterentwicklungen möglichst schnell einzuführen.

Fahrgastinformation

Der Fahrgast muss sich über das Angebot und die Fahrtmöglichkeiten zu Hause vor Beginn der Fahrt, an der Haltestelle und während der Fahrt informieren können. Je einfacher die Komponenten des Angebots (Fahrplan, Tarif) aufgebaut sind, desto geringer ist der Informationsbedarf.

Informationsmedium für die Information vor Fahrtantritt ist heute noch überwiegend der gedruckte Fahrplan. Dieses Fahrplanangebot sollte ergänzt werden durch Gebietsfahrpläne, die auch wichtige Ziele in Nachbargebieten einbeziehen. Die Fahrpläne sollten an möglichst vielen verkehrsrelevanten Standorten zum Mitnehmen ausliegen (Flughafen, Bahnhof, Mobilitätszentrale, Informationseinrichtung, Reisebüro, Hotel usw.). Schon heute werden in einigen Fällen Fahrplaninformationen über elektronische Medien wie Internet und tragbare Endgeräte (Handy) gegeben. Diese Systeme müssen ausgebaut werden. Neben der Angabe der Soll-Fahrzeit sind dabei auch Informationen über etwaige Fahrplanabweichungen wünschenswert. Insbesondere tragbare Endgeräte eignen sich auch für die Information an der Haltestelle und während der Fahrt.

An den Haltestellen müssen lesbare und verständliche Informationen vorhanden sein, heute in gedruckter Form und zukünftig an den Schwerpunkthaltestellen auch über Display. In den Fahrzeugen sollten neben Displays mit der Anzeige der nächsten Haltestelle kurzfristig Informationstafeln und mittelfristig Monitore angebracht werden, die es ermöglichen, weitergehende Informationen (Anschlüsse, Störungen) zu vermitteln. In solche Informationen lässt sich auch Werbung einbeziehen, um die Finanzierung der Geräte zu erleichtern.

Für die Information am und im Fahrzeug muss zwischen den verschiedenen Fahrzeugarten unterschieden werden. Für die größeren Fahrzeuge werden frontale und seitliche Matrixanzeigen gefordert, die Liniennummer und Fahrtziel angeben. Für achtsitzige Fahrzeuge im Sektorbetrieb ist ein manuell wendbares und gut sichtbares Schild mit demselben Informationsgehalt ausreichend. Im übrigen sollte das Fahrzeug als Bestandteil des nachfragegesteuerten Systems erkennbar sein. Während der Fahrt muss die nächste Haltestelle angesagt werden. In den Linienbussen sollten elektronische Ansagen erfolgen. In Achtsitzern sollte der Informationsaustausch der Interaktion zwischen Fahrer und Fahrgästen überlassen werden.

Viele Verkehrsverbünde und Verkehrsunternehmen haben inzwischen Mobilitätszentralen eingerichtet, die über den Fahrkartenverkauf und die Fahrplaninformation hinaus Verkehrsteilnehmer persönlich oder telefonisch in allen Fragen des (öffentlichen) Verkehrs beraten und verkehrsbezogene Dienstleistungen anbieten. Bei nachfragegesteuertem Verkehr können sie auch Fahrtwunschanmeldungen entgegennehmen und den Routenverlauf der Fahrzeuge steuern.

Fahrpreise

Über die Zuständigkeit bei der Festlegung der Tarifhöhe bestehen unterschiedliche Auffassungen. Dieses Thema wird in Kap. 5.8 behandelt.

Kosten der Leistungserstellung

Die Kosten der Leistungserstellung setzen sich aus den Komponenten Fahrbetrieb, Fahrzeugvorhaltung (Beschaffung, Instandhaltung), Vertrieb (Fahrgastinformation, Verkauf von Fahrscheinen) und Verwaltung zusammen.

7.3 Ermittlung der Verkehrsnachfrage

Für die Weiterentwicklung des Netzes werden die Verkehrsbeziehungen im ÖPNV, differenziert nach den wichtigsten Verkehrszwecken, benötigt. Diese Daten lassen sich aus Fahrgastbefragungen gewinnen. Wenn man darüber hinaus Informationen über die Verkehrsmittelbenutzung haben möchte, sind Haushaltsbefragungen erforderlich. Die vorhandene Verkehrsnachfrage für den Landkreis Grafschaft Bentheim wurde im Jahre 1997 mit Hilfe von Haushaltsbefragungen durch die Ingenieurgesellschaft SCHNÜLL-HALLER, Hannover ermittelt.

Problematischer als die Ermittlung des jeweils vergangenen Standes der Verkehrsnachfrage ist eine Prognose (vgl. hierzu Kap. 5.1). Die zukünftige Verkehrsnachfrage im ÖPNV hängt von einer Vielzahl von Einflussgrößen wie z. B. Benzinpreis, etwaige steuerliche Regelungen und Qualität des Angebotes ab, die durch nicht vorhersagbare politische Entscheidungen bestimmt werden. Für den Busverkehr sind anders als im Schienenverkehr keine größeren Investitionen in den Fahrweg erforderlich, so dass auf Veränderungen der Verkehrsnachfrage durch die Veränderung der Netzform und des Fahrplans leicht reagiert werden kann. Aus diesem Grund wird empfohlen, auf eine in der Regel aufwendige Prognose zu verzichten und stattdessen die jeweils vorhandene Verkehrsnachfrage regelmäßig zu erheben oder zumindest als Querschnittsbelastung zu messen (vgl. Kap.5.10, Überwachung des Betriebsablaufs). Zusätzlich können aufgrund der allgemeinen siedlungsstrukturellen und verkehrlichen Entwicklung Trendabschätzungen vorgenommen werden.

7.3.1 Verkehrsbeziehungen

Die Verkehrsbeziehungen zwischen den Verwaltungseinheiten und über die Landkreisgrenzen hinaus zeigen folgendes Bild:

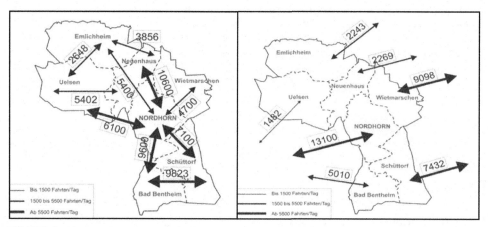

Bild 7.3-1: Verkehrsbeziehungen im Gesamtverkehr

Die stärksten Verkehrsbeziehungen innerhalb des Landkreises sind naturgemäß auf die Kreisstadt Nordhorn gerichtet. Ebenfalls bedeutend sind die Beziehungen innerhalb des Siedlungsbandes im

Süden des Landkreises, so dass auch in den Verkehrsbeziehungen die in Kap. 7.1 genannte Form der Besiedlung zum Ausdruck kommt.

Eine Besonderheit des Landkreises Grafschaft Bentheim ist seine Einbindung in die EUREGIO, dem gemeinsamen Wirtschaftsraum deutscher und niederländischer Kommunen. Dadurch sind viele Austauschbeziehungen mit dem Nachbarstaat entstanden. Diese Beziehungen dürften zukünftig an Bedeutung gewinnen.

Die einzelnen Fahrtzwecke haben folgende Anteile:

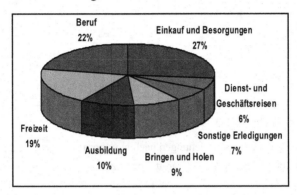

Bild 7.3-2: Anteile der Fahrtzwecke

Die Verkehrsmittelbenutzung zeigt folgendes Bild:

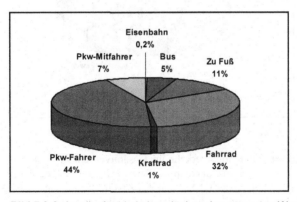

Bild 7.3-3: Anteile der Verkehrsmittel an den gesamten Wegen

Am Verkehrsmittelwahlverhalten im Landkreis Grafschaft Bentheim fällt der mit 32 % sehr hohe Anteil des Fahrrads an den täglichen Wegen auf. Der Wert wurde allerdings bei gutem Wetter ermittelt. Bei schlechtem Wetter werden diese Wege teilweise mit dem ÖPNV und dem Pkw zurückgelegt. Auch der Anteil der Pkw-Mitfahrer ist hoch. Dabei dürfte es sich weniger um Fahrgemeinschaften handeln als vielmehr um Personen, die mangels Pkw-Verfügbarkeit und schlechtem ÖPNV-Angebot auf die Hilfe anderer angewiesen sind. Der ÖPNV liegt mit einem Wegeanteil von 5 % auf demselben Niveau wie in anderen Landkreisen außerhalb der Ballungsgebiete. Der Berufsverkehr ist nach wie vor der wichtigste Fahrtzweck:

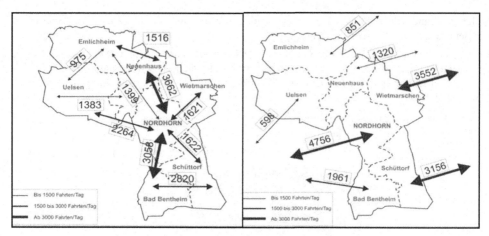

Bild 7.3-4: Verkehrsbeziehungen im Berufsverkehr

Auch hier dominieren die Verkehrsbeziehungen nach Nordhorn.

Im Berufsverkehr werden folgende Verkehrsmittel benutzt:

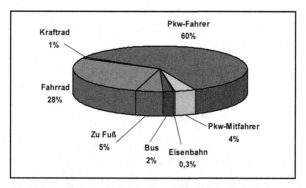

Bild 7.3-5: Anteile der Verkehrsmittel an den Berufswegen

Während der motorisierte Individualverkehr im Gesamtverkehr etwa die Hälfte der Wege ausmacht, steigt er im Berufsverkehr auf knapp 2/3 der Wege an. Dagegen sinken die Anteile des
Fahrrades leicht und die Anteile des ÖPNV und des Zu-Fuß-Gehens stark ab. Daraus ist zu schließen, dass der ÖPNV im Einkaufs- und Erledigungsverkehr sowie im Freizeitverkehr eine größere
Bedeutung hat als im Berufsverkehr.

Die fortschreitende Umstrukturierung der Wirtschaft hat einen besonders starken Einfluss auf den
Berufsverkehr: Die Anzahl der Beschäftigten im produzierenden Gewerbe sinkt zugunsten von
Beschäftigten in kleineren und mittleren Unternehmen des Dienstleistungssektors. Diese Entwick-
lung hat eine räumliche Streuung der Berufsfahrten zur Folge. Es kommt hinzu, dass sich die
Gewerbebetriebe in Gebieten konzentrieren, die nur schlecht an den ÖPNV angebunden sind.
Trotz der ungünstigen Bedingungen für ein attraktives Angebot im Berufsverkehr dürfte bei einem
Andauern der wirtschaftlichen Schwäche in den Randlagen der Bundesrepublik und einem weite-
ren Ansteigen des Kraftstoffpreises die Benutzung des ÖPNV dennoch zunehmen.

Die Verkehrsbeziehungen zu den weiterführenden Schulen zeigen folgendes Bild:

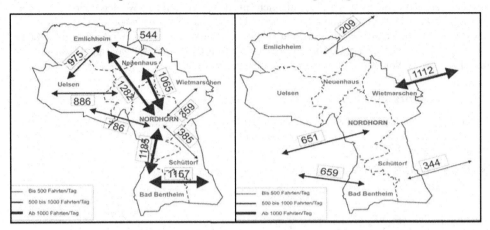

Bild 7.3-6: Verkehrsbeziehungen im Schülerverkehr

Auch hier konzentriert sich der Verkehr auf die größeren Orte entlang der Nord-Süd-Achse sowie nach Nordhorn. Besonders hervorzuheben ist der starke Verkehr zum Gymnasium Bardel, das eine abweichende Schulform aufweist (vgl. Kap. 7.1).

Der Schülerverkehr stellt auch in Zukunft eine große Herausforderung dar. Aufgrund der sich weiter fortsetzenden Zentralisierung der Schulen ergeben sich zunehmende Entfernungen für die Schüler und zunehmende Fahrleistungen bei den Verkehrsunternehmen. Schon kurzfristig ist durch die Abschaffung der Orientierungsstufe und die Einführung von Nachmittagsunterricht eine grundlegende Veränderung der tageszeitlichen Verteilung der Schülerströme zu erwarten. Eine Verstärkung des ÖPNV-Angebots am Nachmittag ist dabei unverzichtbar.

Die in den nächsten Jahren zunehmende Anzahl an Einwohnern wird kurzfristig zu einer wachsenden Verkehrsnachfrage führen. Aufgrund der anschließend zu erwartenden Schrumpfung der Einwohnerzahl wird die Verkehrsnachfrage allerdings mittelfristig wieder abnehmen. Hier schließt der Landkreis an die allgemeine Entwicklung an.

Durch die Verschlechterung der Altersstruktur, die auch in der Grafschaft trotz des heute überdurchschnittlichen Anteils an junger Bevölkerung unausweichlich ist, werden sich Veränderungen in der Verkehrsteilnahme ergeben: Der sinkende Anteil der Schüler und der Erwerbstätigen wird eine Abnahme des Volumens im Schüler- und Berufsverkehr bewirken und der wachsende Anteil der Senioren eine Zunahme des Freizeitverkehrs. Der Berufsverkehr geht zusätzlich dadurch zurück, dass Teilzeitarbeit und Telearbeit an Bedeutung gewinnen. Damit wird eine gleichmäßigere tageszeitliche Belastung der Verkehrssysteme mit einer Tendenz zum Abbau der Spitzen erreicht.

Die geringe Bevölkerungsdichte in weiten Teilen der Grafschaft und die starke räumliche Streuung der Einrichtungen schränkt die Bündelungsfähigkeit der Verkehrsnachfrage ein. Dies ist ein Nachteil für den ÖPNV und verstärkt die Nutzung der individuellen Verkehrsmittel Fahrrad und Pkw. Die starken räumlichen und zeitlichen Schwankungen der Verkehrsnachfrage stellen hohe Anforderungen an die Flexibilität der Verkehrssysteme. Während die Flexibilität beim Fahrrad und beim Pkw systembedingt gegeben ist, kann sie beim ÖPNV nur durch den Einsatz nachfragegesteuerter Betriebsformen erreicht werden.

Rund 9 % aller Wege im Landkreis haben als Zweck das Bringen und Holen von Personen. Es ist anzunehmen, dass solche Wege ausschließlich mit dem Pkw erledigt werden. Der hohe Anteil dieses Fahrtzwecks ist ein Zeichen dafür, dass viele Personen vom Angebot des ÖPNV nicht erreicht werden. Die Folge des Bringens und Holens ist eine Verdoppelung der Anzahl der Fahrten, da der Fahrer nach dem Bringen der beförderten Person zu seinem Ausgangspunkt zurückkehrt und später wieder von dort losfährt, um die Person zurück zu holen.

7.3.2 Verkehrsbelastung

Im Jahr 2003 wurden die Ein- und Aussteiger der Busse des Regionalverkehrs richtungsbezogen gezählt. Die Zählung bezog sich ausschließlich auf die Fahrten des allgemeinen ÖPNV. Schüler, die diese Fahrten für ihren Weg zur Schule benutzen, wurden herausgerechnet.

Nachfolgend sind die Belastungen als Tagessummen dargestellt:

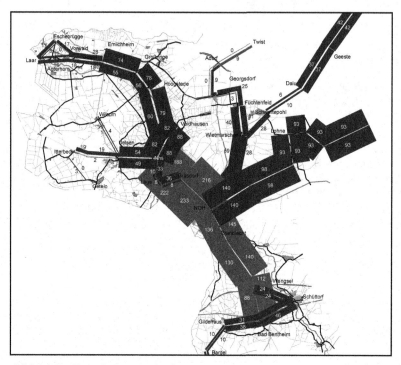

Bild 7.3-7: Tagesbelastung der Buslinien

Aus den Ergebnissen der Zählung wird deutlich, dass die stärkste Belastung im Bereich Nordhorn und speziell zwischen Nordhorn und Neuenhaus auftritt. Verhältnismäßig hoch sind auch die Belastungen zwischen Nordhorn und Bad Bentheim sowie zwischen Nordhorn und Lingen. Die Belastungen über Neuenhaus hinaus in den nördlichen Teil des Landkreises sind dagegen erheblich schwächer. Alle anderen Belastungen sind äußerst gering.

7.4 Beschreibung und Bewertung des bisherigen Angebots

Aufgabenträger des regionalen Busverkehrs ist der Landkreis Grafschaft Bentheim. Ergänzend zum Angebot im regionalen Busverkehr bietet der Landkreis gemeinsam mit drei Gemeinden Anrufsammeltaxis (AST) an. Die Verkehrsleistungen sowohl im allgemeinen ÖPNV als auch im zusätzlichen Schülerverkehr werden von der Verkehrsgemeinschaft Grafschaft Bentheim (VGB), einem Unternehmerverbund, erbracht, zu der sich die im Besitz der öffentlichen Hand befindlichen Verkehrsunternehmen Bentheimer Eisenbahn AG und Nordhorner Versorgungsbetriebe GmbH sowie mehrere private Verkehrsunternehmen zusammengeschlossen haben. Im Auftrag der VGB führen Taxi- und Mietwagenunternehmen anmeldepflichtige Linientaxi-Fahrten durch und betreiben den AST-Verkehr.

In den folgenden Abschnitten wird das Verkehrsangebot beschrieben und unter Bezug auf die in Kap. 7.2.2 genannten Anspruchsniveaus bewertet. Bei etwaigen Mängeln werden Hinweise auf mögliche Verbesserungen gegeben, die dann Ansatzpunkt für den Entwurf eines verbesserten Angebots in Kap. 7.5 sind. Vorangestellt ist jeweils eine nochmalige Definition des Zielkriteriums.

Erschließung

Die Erschließung des Verkehrsgebietes ist gekennzeichnet durch die Lage der Haltestellen zu den Nutzungsschwerpunkten und die Betriebsform, die sich in der Art der Haltestellenbedienung niederschlägt.

Im Landkreis Grafschaft Bentheim gibt es ein Netz von rd. 700 Haltestellen, das die Landkreisfläche gut abdeckt. Von diesen Haltestellen dienen rd. 40 % vorrangig dem Schülerverkehr und werden außerhalb der Zeiten des Schülerverkehrs nicht bedient. Einwohner, die im Einzugsbereich solcher Haltestellen wohnen – dies sind vor allem die Einwohner in der Fläche abseits der Hauptverkehrsstraßen –, haben an schulfreien Tagen und am Nachmittag überhaupt keine oder nur eine geringfügige ÖPNV-Bedienung.

Die ÖPNV-Benutzung wird erleichtert, wenn ein guter Zugang zur Haltestelle mit dem Fahrrad möglich ist. Wege, die mit dem Fahrrad bequem und sicher befahren werden können, sind ausreichend vorhanden. Es fehlt aber an Abstellmöglichkeiten an den Haltestellen.

Die Haltestellen des ÖPNV wurden vor der Realisierung der Planung ausschließlich im Linienbetrieb bedient. An wenigen Stellen und zu den Randzeiten früh morgens und spät abends wurde und wird noch immer anstelle des Linienbusses ein Linientaxi eingesetzt. Das Linientaxi fährt denselben Linienweg und bedient dieselben Haltestellen wie der Linienbus, verkehrt aber nur, wenn aktuelle Fahrtwünsche vorliegen. Außerdem bietet der AST-Verkehr in den Abendstunden und am Wochenende eine ergänzende Bedienung. Fahrtwünsche für das Linientaxi und den AST-Verkehr müssen telefonisch in der Mobilitätszentrale angemeldet werden.

Verfügbarkeit

Die Verfügbarkeit ist gekennzeichnet durch die tägliche Betriebsdauer und die Häufigkeit der Bedienung bzw. die Fahrtenfolgezeit.

Nachstehend sind die Betriebsdauer sowie die Fahrtenfolgezeit bzw. die Bedienungshäufigkeit im allgemeinen ÖPNV zwischen den zentralen Orten und Nordhorn sowie zwischen wichtigen Ortsteilen und dem Ortszentrum vor der Realisierung der Planung angegeben:

Tabelle 7.4-1: Betriebsdauer und Fahrtenfolgezeit zwischen den zentralen Orten und Nordhorn

Ort	Erste/letzte Fahrt (Mo-Fr)	Takt bzw. Fahrtenpaare/Tag			
		Mo-Fr, Schultage	Mo-Fr, schulfr. Tg	Samstags	Sonn- und Feiertg.
Emlichheim	6:50/22:30	60'	60'	9 FP/Tag teilw. alle 60'	7 FP/Tag teilw. alle 60'
Uelsen	5:08/22:13	ca. 60', umsteigen	ca. 60' umsteigen	10 FP/Tag, unregelmäßig, umsteigen	7 FP/Tag, unregelmäßig, umsteigen
Wietmarschen	7:15/18:20	10 FP/Tag unregelmäßig	6 FP/Tag unregelmäßig	4 FP/Tag unregelmäßig	kein Angebot
Lohne	6:50/19:35	alle 60'	alle 60'	alle 60'	kein Angebot
Schüttorf	5:08/22:15	unregelmäßig, umsteigen	11 FP/Tag, unregelmäßig, umsteigen	10 FP/Tag, unregelmäßig. umsteigen	7 FP/Tag, unregelmßig, umsteigen
Bad Bentheim	5:18/22:15	ca. 60', unregelmäßig	ca. 60', unregelmäßig	teilw. 60' unregelmäßig	ca. 120' unregelmäßig
Gildehaus	7:42/21:50	ca. 60', umsteigen	ca. 60', umsteigen	ca. 60', umsteigen	ca. 120', umsteigen
Neuenhaus	5:20/22:13	ca. 30'	ca. 30'	teilw. 60' unregelmäßig	teilw. 60' unregelmäßig
Lingen	6:35/19:35	60'	60'	60'	AST
Gronau		8 FP/Tag unregelmäßig	6 FP/Tag unregelmäßig	2 FP/Tag unregelmäßig	kein Angebot

Tabelle 7.4-2: Kennwerte der Betriebsdauer und der Fahrtenfolgezeit der Gemeinden

Gemeinde	Ort	erste Fahrt	letzte Fahrt	Anzahl Fahrtenpaare	Takt
Emlichheim	Ringe	6:50	23:00	14,0	teilw. 60'
	Laar	6:30	15:30	1,5	
	Laarwald	6:30	19:30	6,5	teilw. 60'
	Eschebrügge	9:30	19:30	2,5	
	Hoogstede	7:00	23:00	14,0	teilw. 60'
Uelsen	Itterbeck	5:52	20:08	5,5	
	Wielen		18:53	0,5	
	Wilsum	7:50	18:53	4,5	
	Getelo			0	
	Striepe			0	
	Halle			0	
Wietmarschen/ Lohne	Georgsdorf	7:05	18:40	5,0	
	Füchtenfeld	7:09	18:40	5,5	
Neuenhaus	Veldhausen	5:16	22:31	14,5	teilw. 60'
	Lage	7:24	14:43	3,5	
Bad Bentheim	Gildehaus	5:08	21:31	14,5	teilw. 60'
	Bardel	7:29	18:31	6,0	
Schüttorf	Suddendorf			0	
	Ohne			0	
	Quendorf	8:10	20:27	6,5	teilw. 60'

Eine Anzahl von 17 Fahrtenpaaren, die zeitlich regelmäßig verkehrten, entspricht einem ganztägigen 60-Minuten-Takt. Werktags wurde damit die Forderung nach einem 60-Minuten-Takt für die

Verbindungen von und nach Nordhorn ganz oder annähernd erfüllt. Eine deutlich geringere Bedienung bestand allerdings von und nach Schüttorf sowie von und nach Wietmarschen. Da das Angebot an schulfreien Tagen ausgedünnt wurde, erfüllten an diesen Tagen nur wenige Verbindungen die Forderung nach einem 60-Minuten-Takt. Die Strecke nach Lingen wurde zwar im 60-Minuten-Takt bedient, wies allerdings aufgrund ihres frühen Betriebsschlusses eine geringere Anzahl an Fahrtenpaaren auf als bei der heute längeren Betriebsdauer. An Samstagen war das Angebot nach Lingen gering. An Sonn- und Feiertagen fanden dorthin überhaupt keine Fahrten statt.

Innerhalb der Samtgemeinden war die Forderung nach einem 60-Minuten-Takt nur ansatzweise erfüllt. Häufig wurden überhaupt keine Fahrten zum Gemeindezentrum angeboten. Hier zeigt sich die unzureichende Flächenerschließung des bisherigen, ausschließlich auf dem Linienbetrieb beruhenden Systems.

Im Schülerverkehr muss sich die Bedienung an den Unterrichtszeiten der einzelnen Schulen orientieren. Neben dem Beginn der ersten Stunde und dem Ende der 7. Stunde sowie einer Rückfahrt von den berufsbildenden Schulen am Nachmittag wurden teilweise auch Zwischenzeiten bedient. Dadurch wurde zwar eine hohe Qualität der Schülerbeförderung erreicht, die häufige Bedienung verursachte jedoch auch hohe Kosten. Daneben wurden ca. 250 Schüler einzeln mit Taxis bis zur nächsten Bushaltestelle oder bis zur Schule befördert. Diese Art der Beförderung war ebenfalls sehr teuer und wird zukünftig soweit wie möglich in die Beförderung mit Bussen eingebunden. Hinzu kommt die Einzelbeförderung von ca. 350 Schülern mit Behinderungen, die allerdings unverzichtbar ist.

Verbindungsqualität

Die Qualität der Verbindung zwischen den Haltestellen des ÖPNV-Netzes wird von der Beförderungsgeschwindigkeit und der Anzahl der Umsteigevorgänge bestimmt. Der Kennwert Beförderungsgeschwindigkeit ist aussagekräftiger als der Kennwert Beförderungszeit, weil in diesen Wert auch die Entfernung mit eingeht. Er ist definiert als der Quotient aus dem kürzesten Weg im Straßennetz und der Beförderungszeit, gemessen als Zeitdifferenz zwischen der Abfahrtszeit an der Quellhaltestelle und Ankunftszeit an der Zielhaltestelle einschließlich etwaiger Wartezeiten bei Umsteigevorgängen. Bei der Gegenüberstellung der beiden Kennwerte Beförderungsgeschwindigkeit und Anzahl der Umsteigevorgänge ist abzuwägen, ob eine schnellere Beförderung mit Umsteigen oder eine langsamere Beförderung ohne Umsteigen bevorzugt wird.

Das von der VGB betriebene regionale Liniennetz ist nachfolgend dargestellt, wobei nicht die Haltestellen, sondern die Orte angegeben sind, in denen die Haltestellen liegen:

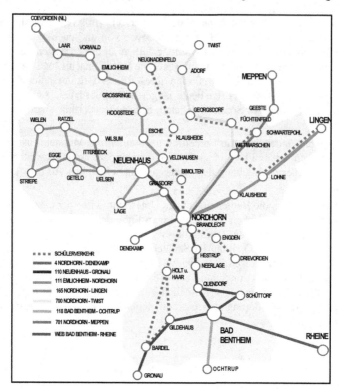

Bild 7.4-1: Liniennetz im allgemeinen ÖPNV

Das Netz passte sich gut an den Verlauf der Verkehrsbeziehungen (vgl. Kap. 7.3) an. Die Buslinien verbanden die größeren Orte des Landkreises (Emlichheim, Uelsen, Veldhausen, Neuenhaus, Bad Bentheim, Gildehaus, Schüttorf) sowie Orte in den Nachbarlandkreisen (Coevorden, Denekamp, Meppen, Lingen, Ochtrup, Gronau und Rheine) mit der zentral gelegenen Kreisstadt Nordhorn, so dass sich ein sternförmiges Netz ergab. Ergänzend wurden einige Orte auch untereinander verbunden. Die Busse fuhren überwiegend auf den klassifizierten Straßen. Das Grundgerüst der vom ÖPNV befahrenen Strecken bilden die B 403 zwischen Bad Bentheim, Nordhaus, Neuenhaus, Uelsen und Emlichheim, die B 213 zwischen Nordhorn und Lingen, die L 44 zwischen Neuenhaus und Emlichheim sowie die L 39 zwischen Schüttorf und Gildehaus. Eine Bedienung von Orten abseits dieser Straßen erfolgte nur zu wenigen Zeitpunkten durch Abweichung vom direkten Linienweg.

Anbindungen an die Bahn bestanden und bestehen weiterhin in Bad Bentheim (Regionalbahn nach Rheine und IC Hannover–Amsterdam), Lingen (IC Emden–Ruhrgebiet) sowie in Gronau (Regionalbahn Münster–Enschede).

Durchmesserfahrten über Nordhorn hinaus wurden nicht angeboten. Alle Fahrgäste auf derartigen Verbindungen mussten in Nordhorn umsteigen. Dies traf vor allem Fahrgäste, die von den zentralen Orten nördlich Nordhorns zur Regionalbahn in Bentheim fuhren.

Es gab nur wenige Linien, die auf direktem Weg über die Hauptstraßen verkehrten. Bei den meisten Linien wurden abseits der Hauptstraßen liegende Orte durch Mäandrieren der Linien mit erschlossen. Für die Mehrheit der Fahrgäste, die zwischen den zentralen Orten fuhren, ergaben sich dadurch Umwege und Zeitverluste. Aufgrund des Mäandrierens durch die abseits der Hauptstraßen gelegenen Orte wurden von dort aus zu den zentralen Orten jedoch umsteigefreie Verbindungen angeboten. Dies kompensierte einen Teil des Zeitverlustes. Durch das Mäandrieren auf jeweils unterschiedlichen Routen litt auch die Übersichtlichkeit des Fahrplans.

Die Fahrgeschwindigkeit der Busse wird teilweise durch starken Straßenverkehr und enge Straßen beeinträchtigt. Darunter leidet sowohl die Schnelligkeit als auch die Zuverlässigkeit. Generell sollte dem Bus an Knotenpunkten mit hoher Straßenverkehrsbelastung – dies ist in der Regel in Ortslagen, insbesondere in Nordhorn, der Fall – Vorrang eingeräumt werden. An Knotenpunkten ohne Lichtsignalanlage erfordert dies eine ÖPNV-günstige Regelung der Vorfahrt und an Knotenpunkten mit Lichtsignalanlage einen vom Bus auszulösenden Eingriff in das Schaltprogramm der Lichtsignalanlage. Eine solche Vorrangschaltung war an einigen Lichtsignalanlagen bereits vorhanden. Die Busse der VGB verfügen über ein Beeinflussungssystem für Lichtsignalanlagen, um die Vorrangschaltung zu aktivieren. Es ist vorgesehen, diesen Vorrang des ÖPNV auf weitere Knotenpunkte auszudehnen.

In der Stadt Nordhorn gibt es einen eigenen Stadtbusverkehr, der von den Nordhorner Versorgungsbetrieben betrieben wird. Drei Durchmesserlinien und eine Bürgerbuslinie verkehren im herkömmlichen Linienbetrieb. Die Linien 1 und 3 sowie die Bürgerbuslinie werden gestreckt geführt, während die Linie 2 auf ihrem westlichen Ast stark mäandriert. Am ZOB und am Bahnhof sind die Stadtbuslinien mit dem Regionalbus verknüpft.

Der Anschluss der Regionalbusse an den Schienenverkehr in Bad Bentheim und in Lingen war unbefriedigend. Zum Stadtverkehr in Nordhorn bestanden dagegen gute Anschlüsse.

Für die Schüler gab es zwischen den Wohnorten und den Schulen überwiegend Direktverbindungen. Dieser Zustand besteht auch noch heute nach der Realisierung der Planung für den allgemeinen ÖPNV im Jahr 2004 fort. Die disperse Verteilung der Wohnorte lässt bei reinem Linienbetrieb allerdings keine zügige Linienführung zu, sondern zwingt den Bus, beim Sammeln und Verteilen der Schüler teilweise stark zu mäandrieren.

Zuverlässigkeit

Von Unzuverlässigkeit spricht man sowohl bei Verspätungen als auch bei Verfrühungen. Während Verspätungen in der Regel durch Störungen verursacht werden, lassen sich Verfrühungen durch ein diszipliniertes Fahren vermeiden. Sowohl Verspätungen als auch Verfrühungen werden begünstigt, wenn die Fahrzeitvorgaben unrealistisch sind.

Eine Pünktlichkeitsstatistik für den Fahrtablauf liegt wie in den meisten anderen Landkreisen auch in der Grafschaft Bentheim nicht vor. Es wird deshalb empfohlen, die realisierten Fahrzeiten mit Hilfe von GPS-Geräten automatisch zu messen. Auf diese Weise lassen sich Problempunkte im Straßenverkehr aufdecken und entschärfen sowie die Fahrzeitvorgaben besser an die Randbedingungen des Straßenverkehrs anpassen. Dies ist Aufgabe der Verkehrsunternehmen.

Die Busse einiger Unternehmen sind mit Betriebsfunk ausgerüstet. Dadurch ist es in Störungsfällen möglich, mit der Betriebsleitzentrale Kontakt aufzunehmen.

Sicherheit

Sicherheitsprobleme, die zur Gefährdung von Fahrgästen führen, können in den Fahrzeugen und an den Haltestellen auftreten.

Bei den Fahrzeugen treten Sicherheitsprobleme aufgrund der regelmäßigen Wartung und der Überwachung durch den TÜV praktisch nicht auf.

An den Haltestellen resultieren Gefährdungen u. a. aus mangelnder Abgrenzung der Haltestellenfläche gegenüber der Straße und mangelnder Beleuchtung, oder wenn Fahrgäste beim Zu- oder Abgang die der Haltestelle benachbarten Straßen überqueren müssen. Durch Überprüfung neu angelegter Haltestellen gemeinsam mit der Polizei und der Straßenverkehrsbehörde werden die möglichen Gefährdungen minimiert.

Kriminelle Übergriffe spielen im Landkreis keine Rolle.

Beförderungskomfort

Der Beförderungskomfort wird hauptsächlich von der Ausstattung der Haltestellen, vom Ein- und Ausstieg und den Fahreigenschaften des Fahrzeugs sowie vom Besetzungsgrad bestimmt.

Die Ausstattung der Haltestellen im Landkreis reicht von Haltestellen mit einfachem Haltestellenmast über Haltestellen mit zusätzlicher Fahrgastinformation bis zu Haltestellen mit Witterungsschutz und Sitzgelegenheit. Bisher ist nur ein geringer Teil der Haltestellen mit Fahrplaninformationen und Witterungsschutz ausgestattet. Der Anteil dieser Haltestellen wird allerdings laufend erhöht. Die älteren Unterstände aus Beton, die ein martialisches Aussehen haben, werden nach und nach durch transparente Konstruktionen aus Stahl und Glas ersetzt. Im Zuge der Dorferneuerung sind stellenweise Unterstände in Fachwerkbauweise aufgestellt worden, die optisch einen guten Eindruck machen. Insgesamt muss die Haltestellenausstattung allerdings als mangelhaft bezeichnet werden. Sie entspricht nicht den heutigen Anforderungen. Eine weitere schrittweise Verbesserung ist erforderlich.

Noch immer werden im Regionalverkehr überwiegend hochflurige Fahrzeuge eingesetzt. Auch wenn der Ein- und Ausstiegskomfort in ländlichen Räumen angesichts der langen Fahrzeiten zwischen den Haltestellen eine geringere Bedeutung hat als in städtischen Gebieten, ist – schon im Hinblick auf die mobilitätseingeschränkten Fahrgäste – der Einsatz von Niederflurfahrzeugen unbedingt zu fordern. Durch die Ende 2003 in Kraft getretene Änderung der Bestimmungen für die Vergabe von GFVG-Fördergeldern ist eine deutliche Erhöhung des Bestandes an Niederflurbussen im Regionalverkehr zu erwarten.

Der Besetzungsgrad ist mit Ausnahme des Schülerverkehrs gering und schränkt die Beförderungsqualität nicht ein.

Handhabbarkeit des Systems

Die Handhabbarkeit des Systems hängt von der Übersichtlichkeit des Angebots (Netz, Fahrplan, Tarif), der Fahrgastinformation und der Art und Weise der Fahrgeldentrichtung ab.

Das bisherige Angebot hat Schwächen sowohl in der räumlichen als auch in der zeitlichen Ausprägung:

- Die räumliche Ausprägung betrifft den Linienverlauf. Häufig wurden bei den einzelnen Kursen unterschiedliche Fahrwege benutzt, um abseits liegende Orte zumindest durch einzelne Kurse zu bedienen. Dies führte zur Verwirrung bei den Fahrgästen.

- Die zeitliche Komponente betrifft die Merkbarkeit der Abfahrtszeiten. Hier ist ein Taktverkehr mit festen Abfahrtsminuten am besten. Ein solcher Taktverkehr war mit Ausnahme der Verbindung Nordhorn–Lingen im Regionalbusverkehr nur teilweise und dann auch nur annähernd vorhanden.

Die Tarifstruktur findet ihren Niederschlag in einer Preisstufentabelle und einer Fahrpreistabelle. Die Preisstufentabelle ist in Form einer Matrix zwischen den verschiedenen Orten aufgebaut und damit übersichtlich. In der Fahrpreistabelle wird nach einzelnen Preisstufen, sowie nach den Fahrscheinarten Einzelfahrschein, Mehrfahrtenfahrschein und Zeitkarte (Monat, Woche) unterschieden. Zusätzlich werden ein Fahrschein mit Gültigkeit nach 9 Uhr, Schülerwochenkarten und Schülerfreizeitkarten angeboten. Eine solche Tarifstruktur ist heute üblich und lässt sich erst ändern, wenn Verfahren und Geräte für das elektronische Ticketing zur Verfügung stehen. Die Preisstufentabelle ist jedoch inkonsistent.

Die Fahrgastinformation bestand früher ausschließlich aus einem gedruckten Fahrplan, aus Linienfahrplänen und aus Haltestellenaushängen. Für diese Informationsmittel sorgen die Verkehrsunternehmen. Der Fahrplan war konventionell aufgebaut und war im Hinblick auf die Lesbarkeit und die Verständlichkeit (u. a. zu viele Fußnoten) verbesserungsbedürftig.

Schon vor der Realisierung des neuen Konzeptes gab es eine elektronische Fahrplanauskunft. Sowohl der Landkreis als auch die VGB sind als Partner der Arge Ems Vechte an der landesweiten Fahrplanauskunft Niedersachsen „Connect" beteiligt. Der Landkreis verfügt über eine Lizenz, die von der VGB genutzt wird.

Die VGB besitzt eine Mobilitätszentrale, die persönliche und telefonische Fahrplanauskünfte gibt. Sie wickelt auch den nachfragegesteuerten Betrieb ab.

Die Entrichtung des Fahrpreises erfolgt nach wie vor beim Fahrer. Einzelfahrscheine und die Mehrfahrtenkarten können außerdem in der Mobilitätszentrale erworben werden. Die Zahlung ist bar und mittels Geldkarte möglich. Damit befindet sich die Fahrgeldentrichtung auf dem aktuellen Stand der Technik.

Fahrpreis

Den Fahrpreis legen lt. PbefG die Verkehrsunternehmen fest. Dabei werden soziale Aspekte und Aspekte der Wettbewerbsfähigkeit gegenüber dem individuellen Straßenverkehr noch unzureichend berücksichtigt. Die Fahrpreishöhe bewegt sich in einem üblichen Rahmen.

7.5 Entwicklung von Maßnahmen für den allgemeinen ÖPNV

7.5.1 Fahrplan

Netz- und Betriebsform

Nordhorn ist das wichtigste Ziel der im Landkreis unternommenen Fahrten. Daneben gibt es Fahrten aus den kleineren Orten bzw. Ortsteilen in das jeweilige Grundzentrum. Diese Struktur der Verkehrsnachfrage stellt folgende Anforderungen an das Netz:

- Zwischen den Grundzentren und dem Mittelzentrum Nordhorn müssen schnelle und nach Möglichkeit umsteigefreie Verbindungen angeboten werden.

- Die kleinen Orte müssen an das nächste Grundzentrum angebunden werden und dort einen Anschluss an eine Fahrtmöglichkeit nach Nordhorn erhalten.

Nachfolgend ist ein diesen Forderungen gerecht werdendes Netz schematisch dargestellt:

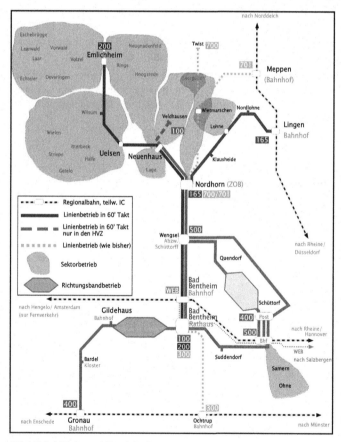

Bild 7.5-1 Netz und Betriebsform

Das Netz folgt der Bebauungsstruktur, die im Norden des Landkreises sternförmig auf Nordhorn ausgerichtet ist (der Strahl nach Südwesten fehlt, weil Nordhorn dort unmittelbar an die Landesgrenze stößt) und im Süden ein in Ost-West-Richtung verlaufendes Siedlungsband aufweist, und hat folgende Form:

- Y-förmiges Liniengerüst in Nord-Süd-Richtung (die vollständige Einbeziehung der Linie von Lingen nach Nordhorn in die Y-Lösung, die Kosten gespart hätte, war aus konzessionsrechtlichen Gründen nicht möglich),
- Ost-West-gerichtetes Richtungsband entlang des südlichen Siedlungsbandes.

Schwachpunkt eines solchen an den wichtigsten Straßenverbindungen orientierten Liniennetzes ist die fehlende direkte Verbindung von Schüttorf nach Nordhorn, die eine verhältnismäßig hohe Verkehrsnachfrage aufweist. Um für diese Verkehrsbeziehungen den Umweg über Bad Bentheim zu vermeiden, wird eine Übereckverbindung zwischen Schüttorf und Wengsel in Form des Richtungsbandes 500 eingerichtet, die in Wengsel auf die Linien 100 und 200 zwischen Bad Bentheim und Nordhorn trifft.

Die grenzüberschreitende Linie Nordhorn–Denekamp wurde mit dem Fahrplanwechsel im Dezember 2003 eingestellt. Angesichts der immer stärker werdenden wirtschaftlichen Verknüpfungen mit den Niederlanden wird überlegt, diese Linie wieder herzustellen. Sie verbindet nicht nur Nordhorn und den Nachbarort in den Niederlanden miteinander, sondern hat dort auch Anschluss an das niederländische ÖPNV-Netz.

Die Gebiete der Niedergrafschaft, die abseits der Hauptverkehrsstraßen liegen und einen stark ländlichen Charakter aufweisen, werden im Sektorbetrieb mit Großraumtaxis erschlossen. Der Einsatz von Linienbussen ist hier wirtschaftlich nicht vertretbar. Die Sektoren werden an die auf der B 403 verkehrende Linie 100 sowie an den Stadtverkehr Nordhorn angebunden. Bei nachfragegesteuertem Betrieb kann die Haltestellendichte erhöht werden, weil bei einer Fahrt nur diejenigen Haltestellen angefahren werden, an denen Einstiegs- oder Ausstiegswünsche bestehen. Deshalb werden im Sektorbetrieb alle bisherigen und auch zukünftigen Haltestellen der Schülerbeförderung bedient.

Ein ähnliches Konzept hat inzwischen KÖHLER (2006) für den Schwalm-Eder-Kreis entwickelt und in einer Pilotanwendung realisiert. In dem System „REX" werden an eine weitgehend direkt verkehrende Linie Sektoren im Anrufsammeltaxibetrieb angehängt.

Lage der Haltestellen

Die Anzahl und die Lage der Haltestellen für den allgemeinen ÖPNV wurden nicht verändert. Die Haltestellen, die bisher nur dem Schülerverkehr dienten, werden in den allgemeinen ÖPNV einbezogen. Dieses Haltestellennetz weist eine Weglänge zur Haltestelle von i. M. rd. 500 m auf.

Betriebsdauer

Die heute vorhandene tägliche Betriebsdauer an Werktagen wurde beibehalten. An den Wochenenden wurde sie gegenüber dem heutigen Zustand erweitert.

Fahrtenfolgezeit

Bei einer zeitlichen Verknüpfung mit der Bahn muss sich der landkreisinterne ÖPNV an die Ankunfts- und Abfahrtszeiten der Bahn anpassen. Der Takt der Bahn beträgt 1 Stunde oder ein Vielfaches davon. Aus diesem Grund folgt auch der landkreisinterne ÖPNV einem Taktraster von 60 Minuten. Durch die Überlagerung von zwei im 60-Minuten-Takt verkehrenden Linien auf dem unteren Teil der Nord-Süd-Achse entsteht dort ein 30-Minuten-Takt.

Das Richtungsband zwischen Schüttorf und Gildehaus (Linie 400) verkehrt wegen der Verknüpfung in Bad Bentheim ebenfalls im 60-Minuten-Takt. Das Richtungsband zwischen Schüttorf und Wengsel (südöstliche Querverbindung) wird wie die Hauptlinien im 30-Minuten-Takt bedient, allerdings auf zwei unterschiedlichen Linienwegen.

Der Sektorbetrieb folgt gleichermaßen dem 60-Minuten-Takt.

Insgesamt werden werktags alle Haltestellen im 60- oder 30-Minuten-Takt bedient. Diese Fahrtenfolgezeiten sind leicht merkbar. Am Wochenende und an Feiertagen wird die Fahrtenfolgezeit verlängert.

Räumlich-zeitliche Verknüpfung der Netzelemente

Die Nord-Süd-Verbindung schließt in Bad Bentheim an die Regionalbahn Richtung Rheine / Osnabrück sowie an den IC zwischen Amsterdam und Hannover an. Um Anschlüsse an beide Zugarten und in alle Richtungen (Norhorn→Bahn, Bad Bentheim→Bahn und umgekehrt) zu schaffen, ist ein 30-Minuten-Takt erforderlich. Dieser Takt wird durch die Überlagerung von zwei Linien erreicht, die jeweils im 60-Minuten-Takt verkehren. Diese Halbierung der Fahrtenfolgezeit ist aufgrund der hohen Belastung zwischen Neuenhaus und Bad Bentheim gerechtfertigt. Von hoher verkehrlicher Bedeutung ist außerdem die Verbindung nach Lingen im benachbarten Landkreis Emsland, das wie Nordhorn ein Mittelzentrum darstellt und einen Haltepunkt der IC-Verbindung Emden–Ruhrgebiet aufweist. Aus Anschluss- und Belastungsgründen reicht hier ein 60-Minuten-Takt.

Fahrzeiten

Die Fahrzeit wurde dadurch minimiert, dass die Linien auf kürzestem Wege geführt und Störungen durch den allgemeinen Straßenverkehr soweit wie möglich beseitigt wurden. Die für die Planung verwendeten Fahrzeiten wurden dem bisherigen Fahrplan entnommen oder aufgrund einer angenommenen Fahrgeschwindigkeit abgeschätzt. In jedem Fall sind sie von den Verkehrsunternehmen hinsichtlich ihrer Realisierbarkeit zu überprüfen.

Anzahl der benötigten Fahrzeuge

Die Anzahl der benötigten Fahrzeuge wurde für den Linienbetrieb und den Richtungsbandbetrieb nach den in Kap. 5.3.6 angegebenen Formeln berechnet und für den Sektorbetrieb zunächst mit einem Fahrzeug festgelegt. Im laufenden Betrieb muss überprüft werden, ob diese Anzahl ausreicht.

Zusammenhang zwischen Fahrtenfolgezeit und Linienlänge

Für den Linien- und Richtungsbandbetrieb wurde der in Kap. 5.3.7 dargestellte Zusammenhang zwischen der maximalen Fahrzeit, der Umlaufdauer, der Fahrtenfolgezeit und der Anzahl der einzusetzenden Fahrzeuge berücksichtigt. Dieser Zusammenhang gilt prinzipiell auch für den Sektorbetrieb. Hinzu kommt, dass ein Anschluss der Sektoren an die Linie 100 auf der B 403 für die Verbindung nach Nordhorn in beiden Richtungen vorhanden sein muss. Dadurch engt sich die mögliche Umlaufdauer innerhalb der Sektoren auf die Zeitdifferenz zwischen der Ankunft der Linie 100 aus Nordhorn und ihrer Rückfahrt nach Nordhorn ein.

Abfahrts- und Ankunftszeiten an den Haltestellen

Aus den Anschlusszeiten an die höherrangigen Schienenverkehrssysteme und den Fahrzeiten zwischen den Netzknoten ergibt sich ein Systemfahrplan. Er enthält schematisiert den Verlauf der Linien, Richtungsbänder und Sektoren, die Fahrzeiten zwischen den Knotenhaltestellen, die Anschlusszeiten an die höherrangigen ÖPNV-Systeme sowie die Wendezeiten an den Linienenden. Die Fahrzeiten zwischen den Knotenhaltestellen müssen so bemessen sein, dass genügend Zeit für Haltevorgänge an den Zwischenhaltestellen verbleibt.

Nachfolgend sind Systemfahrpläne getrennt für den Linienbetrieb und den Sektorbetrieb der Niedergrafschaft sowie gemeinsam für den Linienbetrieb und den Richtungsbandbetrieb der Obergrafschaft dargestellt:

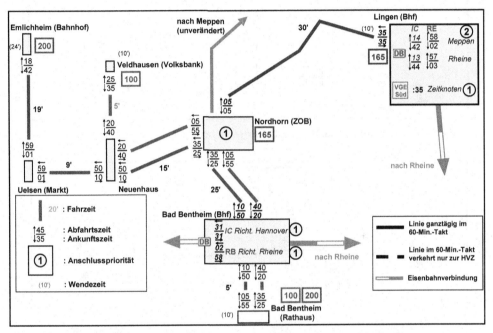

Bild 7.5-2: Systemfahrplan für den Linienbetrieb im nördlichen Teil des Landkreises

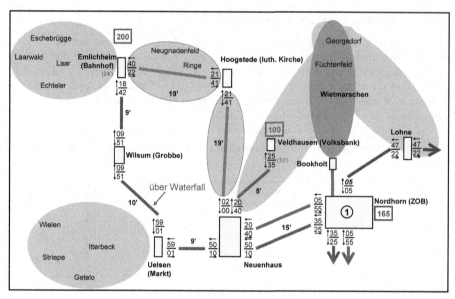

Bild 7.5-3: Systemfahrplan für den Sektorbetrieb im nördlichen Teil des Landkreises

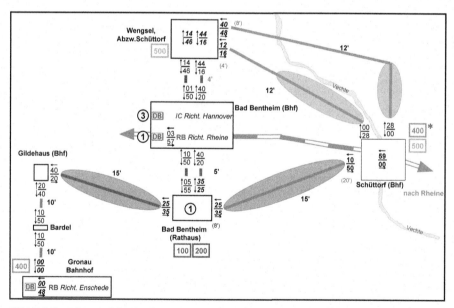

Bild 7.5-4: Systemfahrplan für den Richtungsbandbetrieb im südlichen Teil des Landkreises

Aus den Systemfahrplänen lassen sich die Umlaufdauern der Linien, Richtungsbänder und Sektoren ermitteln. Die Umlaufdauer liefert in Verbindung mit dem Takt die Standzeiten an den Linienenden (Klammerwerte).

Zusammenfassung der einzelnen Elemente in einem Rahmenfahrplan

Für jede Linie, jedes Richtungsband und jeden Sektor wurde nach den Vorgaben in Kap. 5.3.9 ein Rahmenfahrplan erstellt. Nachfolgend ist beispielhaft ein Ausschnitt aus dem Rahmenfahrplan der Linie 100 wiedergegeben:

Tagestyp	Werktag		Linie	100													
fkm	t	Fahrzeug	LT	E	C	D	E	C	D	E	C	D	E	C	D	E	C
	Standzeit				0:01	0:07	0:07	0:07	0:07	0:07		0:07	0:07	0:07	0:07	0:07	0:07	0:07
	Pause/ Puffer				0:17	0:17	0:17	0:17	0:17	0:09	0:17	0:17	0:17	0:17	0:17	0:17	0:17
		Emlichheim Bahnhof		6:42	7:36	8:42	9:42	10:42	11:42	12:42	13:42	14:42	15:42	16:42	17:42	18:42	19:42	20:42
8,5	00:09	Wilsum		6:56	7:45	8:51	9:51	10:51	11:51	12:51	13:51	14:51	15:51	16:51	17:51	18:51	19:51	20:51
7,5	00:10	Uelsen Markt		7:06	7:55	9:01	10:01	11:01	12:01	13:01	14:01	15:01	16:01	17:01	18:01	19:01	20:01	21:01
9,0	00:09	Neuenhaus Marktstr.		7:15	8:04	9:10	10:10	11:10	12:10	13:10	14:10	15:10	16:10	17:10	18:10	19:10	20:10	21:10
		Anschluß Rufbus aus Hoogstede		6:00	7:00	8:00	9:00	10:00	11:00	12:00	13:00	14:00	15:00	16:00	17:00	18:00	19:00	20:00	21:00
		Neuenhaus Marktstr.	5:10	6:10	7:15	8:10	9:10	10:10	11:10	12:10	13:10	14:10	15:10	16:10	17:10	18:10	19:10	20:10	21:10
10	00:15	Nordhorn ZOB	5:25	6:25	7:30	8:25	9:25	10:25	11:25	12:25	13:25	14:25	15:25	16:25	17:25	18:25	19:25	20:25	21:25
	00:05	Nordhorn Bahnhof	5:30	6:30	7:35	8:30	9:30	10:30	11:30	12:30	13:30	14:30	15:30	16:30	17:30	18:30	19:30	20:30	21:30
	00:16	Wengsel Abzweigung Schüttorf	5:46	6:46	7:51	8:46	9:46	10:46	11:46	12:46	13:46	14:46	15:46	16:46	17:46	18:46	19:46	20:46	
	00:04	Bad Bentheim Bahnhof	5:50	6:50	7:55	8:50	9:50	10:50	11:50	12:50	13:50	14:50	15:50	16:50	17:50	18:50	19:50	20:50	
		Anschluß RB nach Rheine	4:58	6:58	7:58	8:58	9:58	10:58	11:58	12:58	13:58	14:58	15:58	16:58	17:58	18:58	19:58	20:58	
		Anschluß IC aus Hannover			8:33			12:31			16:31								
		Bad Bentheim Bahnhof	5:50	6:50	7:55	8:50	9:50	10:50	11:50	12:50	13:50	14:50	15:50	16:50	17:50	18:50	19:50	20:50	
17,0	00:05	Bad Bentheim Rathaus	5:55	6:55	8:00	8:55	9:55	10:55	11:55	12:55	13:55	14:55	15:55	16:55	17:55	18:55	19:55	20:55	
	Standzeit				0:10	0:05	0:10	0:10	0:10	0:10	0:10	0:10	0:10	0:10	0:10	0:10	0:10	0:10
	Pause/ Puffer																	
		Bad Bentheim Rathaus	6:05	07:05	08:05	09:05	10:05	11:05	12:05	13:05	14:05	15:05	16:05	17:05	18:05	19:05	20:05	21:05
	0:05	Bad Bentheim Bahnhof	6:10	07:10	08:10	09:10	10:10	11:10	12:10	13:10	14:10	15:10	16:10	17:10	18:10	19:10	20:10	21:10
		Anschluß IC nach Hannover		7:22		9:31			13:31			17:31		19:29				
		Anschluß RB aus Rheine	6:07	7:02	8:02	9:02	10:02	11:02	12:02	13:02	14:02	15:02	16:02	17:02	18:02	19:02	20:02	21:02
		Bad Bentheim Bahnhof	6:10	07:10	08:10	09:10	10:10	11:10	12:10	13:10	14:10	15:10	16:10	17:10	18:10	19:10	20:10	21:10
	0:04	Wengsel Abzweigung Schüttorf	6:14	07:14	08:14	09:14	10:14	11:14	12:14	13:14	14:14	15:14	16:14	17:14	18:14	19:14	20:14	21:14
	0:16	Nordhorn Bahnhof	6:30	06:30	07:30	08:30	09:30	10:30	11:30	12:30	13:30	14:30	15:30	16:30	17:30	18:30	19:30	20:30	21:30
17	0:05	Nordhorn ZOB		06:35	07:35	08:35	09:35	10:35	11:35	12:35	13:35	14:35	15:35	16:35	17:35	18:35	19:35	20:35	21:35
10	0:15	Neuenhaus Marktstr.		06:50	07:50	08:50	09:50	10:50	11:50	12:50	13:50	14:50	15:50	16:50	17:50	18:50	19:50	20:50	21:50
		Anschluß Rufbus nach Hoogstede		8:02	9:02	10:02	11:02	12:02	13:02	14:02	15:02	16:02	17:02	18:02	19:02	20:02	21:02	22:02
		Neuenhaus Marktstr.		06:50	07:50	08:50	09:50	10:50	11:50	13:05	13:50	14:50	15:50	16:50	17:50	18:50	19:50	20:50	21:50
9	0:09	Uelsen Markt		06:59	07:59	08:59	09:59	10:59	11:59	13:14	13:59	14:59	15:59	16:59	17:59	18:59	19:59	20:59	21:59
7,5	0:10	Wilsum		07:09	08:09	09:09	10:09	11:09	12:09	13:24	14:09	15:09	16:09	17:09	18:09	19:09	20:09	21:09	22:09
8,5	0:09	Emlichheim Bahnhof		07:18	08:18	09:18	10:18	11:18	12:18	13:33	14:18	15:18	16:18	17:18	18:18	19:18	20:18	21:18	22:18
		Linientaxikilometer/Fahrt	43															
		Festkilometer/Fahrt	52	79	104	104	104	104	104	104	104	104	104	104	104	104	104	35
		Standzeit [min]	0	0	1	7	7	7	7	7	0	7	7	7	7	7	7	7
		Pausenzeiten/Pufferzeiten [min]	10	5	27	27	27	27	27	19	27	27	27	27	27	27	27	17
		Einsatzzeit gesamt [min]	128	156	174	180	180	180	180	165	180	180	180	180	180	180	72
		Einsatzzeit nach 21:00	0	0	0	0	0	0	0	0	0	0	0	0	18	78	30

Bild 7.5-5: Rahmenfahrplan für die Linie 100 (Ausschnitt)

Der Rahmenfahrplan enthält die Eingangsdaten für die Ermittlung des Aufwandes für den Fahrzeug- und Fahrereinsatz.

Aus der Gesamtheit der Rahmenfahrpläne ergibt sich folgende Netto-Fahrleistung:

Tabelle 7.5-1: Erforderliche Netto-Fahrleistung im allgemeinen ÖPNV

Art der Fahrten	tägl. Netto-Fahrten-Kilometer		jährl. Anzahl Tage der jeweiligen Tagesgruppe	jährl. Netto-Fahrten-Kilometer
Linien- und Richtungsbandbetrieb, befahren mit Standardbussen oder Midibussen	Mo-Fr:	9.885	252	1.483.020
	Sa:	3.415	52	177.580
	So/Fei:	1.660	61	101.260
				1.761.860
Sektor- und Linientaxibetrieb, befahren mit Großraumtaxis	Mo-Fr::	895	252	229.540
	Sa:	1.100	52	57.200
	So/Fei:	690	61	42.090
				324.830

Die Werte gelten unter der Annahme, dass im Richtungsbandbetrieb und im Sektorbetrieb für jede Fahrt nur ein Fahrzeug benötigt wird. Für den Sektorbetrieb wird außerdem angenommen, dass nur jede zweite Fahrmöglichkeit nachgefragt wird und ein Umwegfaktor von 1,25 gilt. Dieser Umwegfaktor ist willkürlich gewählt und kann bei abweichenden Qualitätsanforderungen an den Sektorbetrieb oder, wenn umfangreichere Erfahrungen vorliegen, auch anders festgesetzt werden.

7.5.2 Haltestellen

Unter Bezug auf die in Kap. 7.2.2 formulierten Anspruchsniveaus wird zwischen Haltestellen mit einfacher Ausstattung (nur Haltestellenmast), mittlerer Ausstattung (Haltestellenmast mit Fahrplan) und Vollausstattung unterschieden. Für Haltestellen im Sektorbetrieb reicht die einfache Ausstattung aus. Die Haltestellen in den größeren Orten mit höherem Fahrgastaufkommen sowie die Haltestellen an Verknüpfungspunkten, vor allem in der Verknüpfung mit höherrangigen ÖPNV-Systemen, sollten, soweit noch nicht vorhanden, eine Vollausstattung erhalten. Dies gilt sowohl für Haltestellen im Linienbetrieb als auch für Haltestellen im Richtungsbandbetrieb.

Diese Verbesserung der Haltestellenausstattung lässt sich nicht sofort, sondern erst im Laufe der Zeit realisieren. Die Verbesserung der Haltestellenausstattung ist Aufgabe der kommunalen Gebietskörperschaft und nicht Aufgabe der Verkehrsunternehmen.

7.5.3 Fahrzeuge

Bei der Anschaffung neuer Fahrzeuge ist vorgesehen, Niederflurfahrzeuge einzuführen. Diese Absicht wird durch die Förderbestimmungen des Landes unterstützt. Außerdem sollten bei neuen Bussen die in Kap. 7.2.2 genannten Anforderungen erfüllt werden.

7.5.4 Fahrgastinformation

Als Ergänzung des Fahrplanbuchs wurden für die einzelnen Linien, Richtungsbänder und Sektoren Faltfahrpläne erstellt. Sie zeigen jeweils Fahrtmöglichkeiten bis zum höchstrangigen zentralen Ort sowie zu übergeordneten Anschlussverkehrsmitteln einschließlich der Anschlusspunkte und Anschlusszeiten. Bei den nachfragegesteuerten Betriebsformen werden die frühestmöglichen Abfahrtszeiten angegeben mit dem Hinweis, dass die tatsächliche Abfahrt planmäßig innerhalb eines Zeitintervalls von 5 Minuten erfolgen wird. Auch dieses Zeitintervall kann anders gesetzt werden.

Die an den Haltestellen ausgehängten Fahrpläne müssen in ihrem Aufbau übersichtlich und gut lesbar sein. Hierfür gibt es Beispiele in anderen Einsatzgebieten. Für das Anwendungsgebiet wurden entsprechende Vorschläge gemacht.

7.5.5 Fahrgeldentrichtung

Der Fahrscheinverkauf in den Fahrzeugen wird zunächst weiterhin über den Fahrer abgewickelt. Diese Art der Fahrgeldentrichtung entspricht dem aktuellen technischen Stand. Es wird allerdings empfohlen, den heute noch vorhandenen Fahrgastfluss aufzugeben. Erst mittelfristig ist es möglich, Systeme mit neuer Technik (onboard-Fahrscheinautomaten, e-Ticketing) anzuschaffen. Die technische Entwicklung bei der Tarifinformation und der Tariferhebung ist sorgfältig zu beobachten, um neue Systeme möglichst zügig auch im Landkreis einzuführen.

7.5.6 Tarif

Solange es noch kein automatisches Ticketing gibt, muss die vorhandene Tarifstruktur prinzipiell beibehalten werden. Bei der Einteilung des Verkehrsgebietes in Tarifzonen sollte zwischen den Zeit- und Dauerfahrtausweisen einerseits und den Einzelfahrscheinen andererseits differenziert werden. Bei den Zeit- und Dauerfahrtausweisen kann eine feinkörnige Zoneneinteilung verwendet werden, während die Zoneneinteilung bei den Einzelfahrtausweisen grobkörnig mit möglichst wenig Zonen sein sollte. Dadurch wird der Konflikt zwischen Gerechtigkeit und Verständlichkeit etwas entschärft.

7.5.7 Steuerung des Richtungsband- und Sektorbetriebs

Die Geräte und Verfahren für die Steuerung des Richtungsband- und Sektorbetriebs wurden von der Fa. ESM, Hannover geliefert.

Nachfolgend ist die Gerätekonfiguration dargestellt:

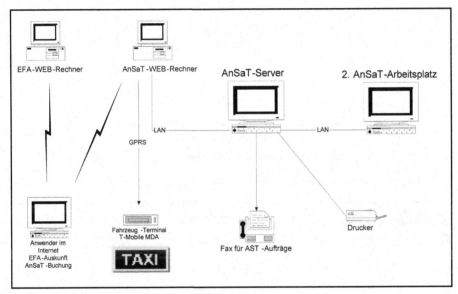

Quelle: ESM-Software, Hannover

Bild 7.5-6: Gerätekonfiguration des Steuerungssystems

Kern des Steuerungssystems sind WEB-Rechner und Server. Die neben der Fahrtwunschanmeldung erforderlichen Eingangsdaten werden dem Fahrplan-Auskunfts-System EFA entnommen. Der WEB-Rechner kann die Fahraufträge wahlweise über GPRS direkt an die Fahrzeuge senden oder über den Server an die Taxizentralen faxen. Letzteres ist praktischer, um den dort herrschenden betrieblichen Randbedingungen besser gerecht zu werden, von den Erfahrungen, welche die Taxizentralen hinsichtlich des Fahrzeugeinsatzes besitzen, zu profitieren und die Kostenvorteile eines flexiblen Fahrzeugeinsatzes voll auszuschöpfen.

Die Datenflüsse sind in der nachfolgenden Abbildung dargestellt:

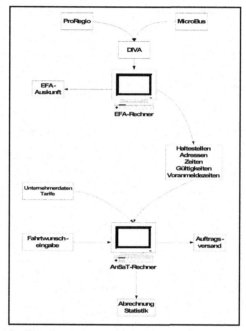

Quelle: ESM-Software, Hannover

Bild 7.5-7: Datenflüsse im System

In den Fahrzeugen sind Terminals installiert, die folgendes Aussehen haben:

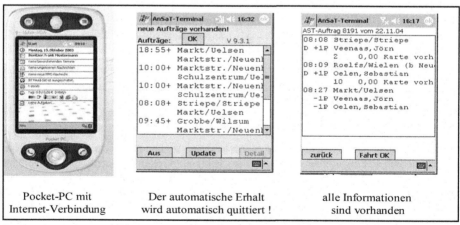

Quelle: ESM-Software, Hannover

Bild 7.5-8: Fahrzeugterminal der Großraumtaxis

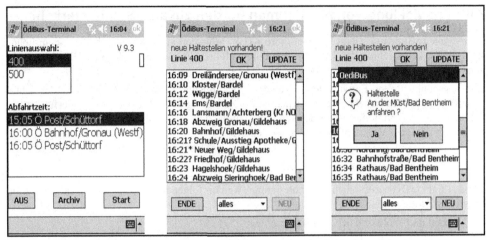

Quelle: ESM-Software, Hannover

Bild 7.5-9   Fahrzeugterminal der Busse für den Richtungsbandbetrieb

In den Großraumtaxis, die das Richtungsband 500 sowie die Sektoren befahren, kommen Terminals zum Einsatz, die von ESM für den Anruf-Sammel-Betrieb entwickelt worden sind. Für die Busse, die auf dem Richtungsband 400 eingesetzt werden, ist ein Terminal vorgesehen, das vom Lehrstuhl für Verkehrs- und Stadtplanung der TU München entwickelt wurde. Die Bentheimer Eisenbahn, die dieses Richtungsband betreibt, sah sich bisher allerdings hierzu nicht in der Lage, weil die Busse nicht nur linienrein auf der Linie 400 eingesetzt werden, sondern zwischen allen Linien wechseln. Bei einem derartigen Einsatzprinzip müssten zu viele Busse mit einem System ausgestattet werden. Fahrtwünsche zu und von den nur bei Nachfrage bedienten Haltestellen werden auf diesem Richtungsband deshalb bisher über Sprechfunk kommuniziert.

Das Steuerungssystem, das von der Fa. ESM für den herkömmlichen Anruf-Sammeltaxi-Betrieb entwickelt worden ist, kann für die hier realisierte Form des Sektorbetriebs so lange eingesetzt werden, wie im Sektor nur ein Fahrzeug je Umlauf verkehrt. Wenn bei größerer Verkehrsnachfrage mehrere parallel fahrende Fahrzeuge benötigt werden, wird es notwendig, den Sektor manuell in mehrere Richtungsbänder zu zerlegen und getrennt zu steuern. Eine solche Zerlegung ist jedoch nur ein Notbehelf. Sie führt nicht zu einer optimalen Lösung, sondern kann einen höheren Aufwand verursachen. Mittelfristig ist daher geplant, das in Kap. 5.9 erläuterte Verfahren der Sektorsteuerung zu verwenden.

Die Mobilitätszentrale der Verkehrsgemeinschaft Grafschaft Bentheim (VGB) hat neben der Fahrgastinformation und dem Verkauf von Fahrscheinen bereits die Abwicklung des nachfragegesteuerten Betriebs übernommen. Diese Funktion ist noch um die statistische Aufbereitung und Auswertung der Daten des Betriebsablaufs zu erweitern.

7.5.8   Überwachung des Betriebsablaufs

Ein Betriebsleitsystem ist bei der Bentheimer Eisenbahn nicht vorhanden, so dass eine Überwachung des Betriebsablaufs noch nicht realisiert werden kann.

7.6 Entwicklung von Maßnahmen für den zusätzl. Schülerverkehr

Die Arbeiten wurden von dem Ingenieurbüro KHW, München in Zusammenarbeit mit dem Lehrstuhl für Verkehrstechnik der TU München durchgeführt. Die räumlich relevanten Daten werden in einem Geoinformationssystem codiert.

Ausgangspunkt für den Entwurf des Angebots ist das in Kap. 3.3 dargestellte Konzept der Schülerbeförderung. Sein wesentliches Merkmal ist die Zerlegung der Fahrten zu den weiterführenden Schulen in eine Sammelfahrt von der Wohnung zu einem Verknüpfungspunkt und eine Verbindungsfahrt von dem Verknüpfungspunkt zur Schule.

7.6.1 Eingangsdaten

Für den Entwurf von zusätzlichen Schülerfahrten werden folgende Eingangsdaten – dargestellt in einem Geoinformationssystem – benötigt:

- Anzahl und Wohnorte der Schüler

Bild 7.6-1: Anzahl und Wohnorte der Schüler, Ausschnitt

- Standorte der Schulen sowie Beginn und Ende des Unterrichts

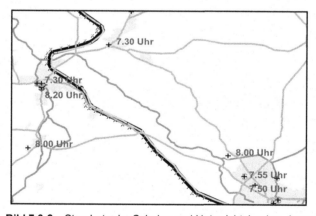

Bild 7.6-2: Standorte der Schulen und Unterrichtsbeginn, Ausschnitt

Die Anfangs- und Endzeiten des Unterrichtsbeginns sind zunächst die bisher üblichen Zeiten. Sie können innerhalb des Entwurfsprozesses Veränderungen erfahren, wobei die Spielräume aufgrund unterrichtstechnischer Zwänge allerdings begrenzt sind.

- Netz der von den Bussen befahrbaren Straßen und die vorhandenen Haltestellen

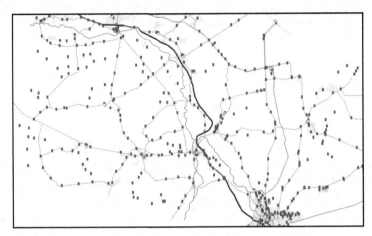

Bild 7.6-3: Netz der Busstrecken und Haltestellen, Ausschnitt

Ausgangspunkt der Planung sind die heute vorhandenen Haltestellen. Sie können im Zuge der Planung verändert werden (vgl. Kap 3.3).

- Zuordnung der Schüler zu den Schulen

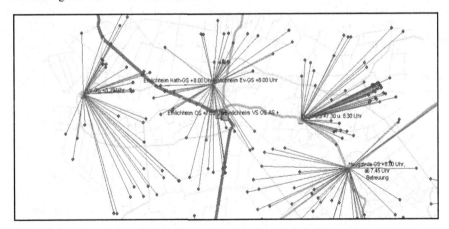

Bild 7.6-4:   Zuordnung der Schüler zu den Schulen, Ausschnitt

Ein detaillierterer Maßnahmenentwurf ist erst möglich, wenn von den Schulen die Wohnorte der Schüler nicht nur insgesamt, sondern klassenweise angegeben und zusätzlich die Stundenpläne der einzelnen Klassen mitgeteilt werden (s. unten).

- Schülerbeförderungssatzung

  Für die Qualität der Schülerbeförderung hat der Landkreis Grafschaft Bentheim eine Schülerbeförderungssatzung erlassen. Danach haben sämtliche Schüler der 1. bis 10. Klasse der allgemeinbildenden Schulen und der Teil der Schüler der berufsbildenden Schulen, die mehr als 2 km von der nächstgelegenen Schule des jeweiligen Schultyps entfernt wohnen, Anspruch auf eine kostenfreie Beförderung mit dem ÖPNV zur nächstgelegenen Schule des jeweiligen Schultyps. Dabei gelten für den Landkreis Grafschaft Bentheim folgende Bedingungen:

  - Max. zulässige Fußweglänge als Summe für den Zugang von der Wohnung zur nächsten Bushaltestelle und den Abgang von der Bushaltestelle zur Schule: 2 km.

  - Max. zulässige Schulwegdauer je Richtung: 1.-4. Klasse 45 (60) Min., 9.-10. Klasse 75 (90) Min., Schüler der berufsbildenden Schulen 90 Min..

  - Die Klammerwerte gelten für Schulen, die außerhalb der Schulbezirkseinteilung besucht werden. Die genannten Werte dürfen um bis zu 25 % überschritten werden, wenn die Beförderung im allgemeinen ÖPNV erfolgt, die dortigen Fahrzeiten nicht verändert werden können und gesonderte Schülerfahrten finanziell nicht vertretbar sind.

  - Max. regelmäßige Wartezeit vor Unterrichtsbeginn: 30 Min.

  - Max. Wartezeit nach Unterrichtsende: 1.-10. Klasse 60 Min,, ab 10. Klasse 75 Min.

7.6.2 Netz und Fahrplan

Wegen der unterschiedlichen Zeiten des Unterrichtsbeginns und des Unterrichtsendes der verschiedenen Schulen sowie der Auflagen der Schülerbeförderungssatzung müssen anders als im allgemeinen ÖPNV der räumliche Verlauf der Linien, der zeitliche Ablauf der Fahrten und der Umlaufplan der Fahrzeuge im Zusammenhang entworfen werden. Ausgangspunkt des Entwurfs sind die folgenden in Kap. 3.3 dargestellten Prinzipien der Abwicklung des Schülerverkehrs:

- Überprüfung der Haltestellenstandorte mit dem Ziel, bei einer zumutbaren Verlängerung der Fußwege die Anzahl der Haltestellen und damit den Betriebsaufwand zu minimieren,

- Begrenzung zusätzlicher Schülerfahrten auf die 1., 5. und 6. Stunde sowie 1 Fahrt am Nachmittag,

- Aufteilung der Fahrten zu den weiterführenden Schulen in Sammel-/Verteilfahrten, die in zeitlichen Wellen zu und von den o. g. Zeiten ablaufen, sowie in Verbindungsfahrten, die soweit wie möglich vom allgemeinen ÖPNV übernommen werden.

Der Entwurf erfolgt beispielhaft

- für die Niedergrafschaft mit einem hintereinander angeordneten System zentraler Schulstandorte (Emlichheim, Neuenhaus, Nordhorn mit aufsteigender Zentralität),

- die Obergrafschaft mit einem nebeneinander angeordneten System solcher Standorte (Gildehaus und Schüttorf gleichrangig, Bad Bentheim höherrangig),

- dem Sonderfall des Gymnasiums Bardel.

Nachstehend ist das Netz der Schülerbeförderung zunächst für den nördlichen Teil des Landkreises, die Niedergrafschaft, dargestellt:

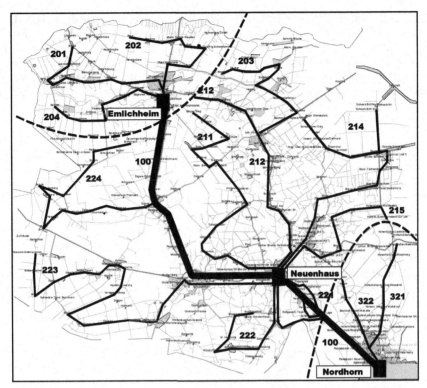

Bild 7.6-5: Schülerbeförderung im nördlichen Teil des Landkreises

Alle Schüler aus Gebieten nördlich von Emlichheim werden – unabhängig davon, ob sie Schulen im Schulzentrum Emlichheim oder in den weiterführenden Schulen in Neuenhaus oder Nordhorn besuchen – mit Sammelbussen zunächst zum Schulzentrum Emlichheim gebracht (Linien 201 bis 204). Die Schüler der Schulzentren Neuenhaus und Nordhorn fahren anschließend mit Verbindungsbussen weiter. Diese Verbindungsbusse bauen auf der Linie 100 des allgemeinen ÖPNV auf, die allerdings bezüglich ihrer Kapazität nicht ausreicht und deshalb an Schultagen verstärkt werden muss. Schüler aus den Gebieten südlich von Emlichheim müssten bei einer Fahrt über Emlichheim rückläufig fahren und werden deshalb direkt nach Neuenhaus zur dortigen Schule oder dem dort befindlichen Verknüpfungspunkt für die Weiterfahrt nach Nordhorn gebracht (Linien 211 bis 216). Entsprechendes gilt für Schüler, die zwischen Neuenhaus und Nordhorn wohnen.

Der Fahrplan muss sich nach Schulbeginn und Schulende sowie nach den Fahrzeiten zwischen den Schulen richten. Schulbeginn ist im Schulzentrum Emlichheim um 8 Uhr, im Schulzentrum Neuenhaus um 7.30 Uhr und im Schulzentrum Nordhorn um 8 Uhr. Die Fahrzeit zwischen Emlichheim und Neuenhaus beträgt rd. 30 Minuten und diejenige zwischen Neuenhaus und Nordhorn ebenfalls rd. 30 Minuten. Die Sammelbusse zum Schulzentrum Emlichheim (Linien 201 bis 204) fahren in einer ersten Welle mit Ankunft um 6.50 Uhr in Emlichheim und bringen diejenigen Schüler, die weiter nach Neuenhaus und Nordhorn müssen. In einer zweiten Welle befördern sie die Schüler zur ersten Stunde der Schulen im Schulzentrum Emlichheim mit Schulbeginn um 8

Uhr und in einer dritten Welle die Schüler (Erstklässler) zur zweiten Stunde der Grundschulen in Emlichheim mit Schulbeginn um 8.45 Uhr. Für jede Welle steht eine Fahrzeit für die Hinfahrt von bis zu 30 Minuten und für die leere Rückfahrt von bis zu 15 Minuten zur Verfügung. Mittags befördert die erste Welle die Schüler aus Emlichheim mit Unterrichtsende nach der 5. Stunde, die zweite Welle die Schüler aus Emlichheim mit Unterrichtsende nach der 7. Stunde und aus Nordhorn und Neuenhaus mit Unterrichtsende nach der 5. Stunde und die dritte Welle die Schüler aus Nordhorn und Neuenhaus mit Unterrichtsende nach der 7. Stunde. Der Routenverlauf kann in den einzelnen Wellen differieren, je nach Wohnstandort und damit der zugeordneten Haltestelle der Schüler.

Die Sammelbusse nördlich von Emlichheim sind morgens und mittags jeweils etwa drei Stunden im zusammenhängenden Einsatz. Wenn die Einsetz- und Aussetzzeiten hinzu gerechnet werden, ergeben sich für die Sammelbusse geteilte Dienste mit annähernd voller täglicher Arbeitszeit. Dies erlaubt einen wirtschaftlichen Einsatz der Fahrzeuge und Fahrer.

Die Struktur der Obergrafschaft ist eine völlig andere als die der Niedergrafschaft: Südlich von Nordhorn befindet sich ein ausgedehntes Waldgebiet, während flächig besiedelte Gebiete fehlen. Am südlichen Rand des Landkreises verläuft in Ost-West-Richtung ein Siedlungsband mit den drei zentralen Orten Bad Bentheim (Mitte), Schüttorf (Osten) und Gildehaus (Westen). Schüttorf und Gildehaus besitzen jeweils eine Grund- und Hauptschule und Bad Bentheim neben einer Grundschule, einer Hauptschule und einer Realschule auch ein Gymnasium. Sammelfahrten sind zu allen drei Zentren erforderlich. Verbindungsfahrten, die gleichzeitig Sammelfunktion Richtung Bad Bentheim mit übernehmen (Richtungsband 400), verlaufen zwischen Schüttorf und Gildehaus über Bad Bentheim. Diese Netzkonfiguration ist nachfolgend dargestellt:

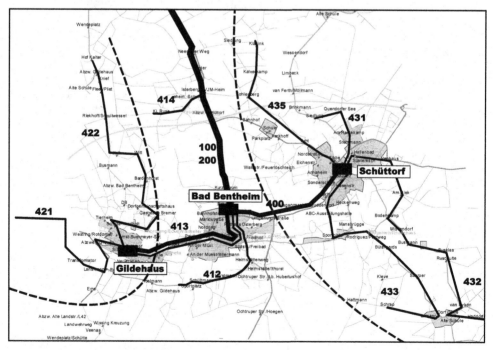

Bild 7.6-6: Schülerbeförderung im südlichen Teil des Landkreises

Die Schulanfangszeiten begünstigen diese Netzkonfiguration: Die Grundschulen in Schüttorf und Gildehaus beginnen um 7.40 Uhr und das Gymnasium in Bad Bentheim um 8.00 Uhr. Die auf Schüttorf und Gildehaus ausgerichteten Sammelfahrten können sowohl die Grundschüler der 1. Unterrichtsstunde befördern als auch die Schüler, die vom Verknüpfungspunkt aus zu den weiterführenden Schulen in Bad Bentheim fahren. Ein spiegelbildliches Vorgehen am Ende des Unterrichts ist dagegen nicht möglich, weil die Grundschulen in Schüttorf und Gildehaus – gleiche Unterrichtsdauer vorausgesetzt – früher enden als das Gymnasium in Bad Bentheim. Eine Kombination der Rückfahrten ist nur für die vorletzte Stunde des Gymnasiums und die letzte Stunde der Grundschulen möglich, wenn der Unterrichtsschluss der verschiedenen Schulen etwas aneinander angepasst wird.

Im vorliegenden Fall passen die Zeiten der Verbindungsfahrt, die sich nach den Anschlüssen in Bad Bentheim richten müssen, nicht zu den Schulanfangszeiten. Aus diesem Grund muss morgens auf dem Richtungsband 400 eine Fahrt für die Schülerbeförderung eingefügt werden.

Einen Sonderfall bei der Schülerbeförderung stellt das Gymnasium Bardel dar. Dabei handelt es sich um eine Schule in kirchlicher Trägerschaft, die zum Zeitpunkt des Planungsbeginns anders als die staatlichen Schulen im Landkreis keine Orientierungsstufe im 5. und 6. Schuljahr besitzt, sondern bereits ab dem 5. Schuljahr mit der gymnasialen Schulform beginnt (inzwischen wird die Orientierungsstufe auch in den staatlichen Schulen wieder abgeschafft). Wegen dieser abweichenden Organisationsform hat die Schule einen breiten Zustrom an Schülern aus dem gesamten Landkreis, auch von solchen, die einen wesentlich kürzeren Weg zu einem staatlichen Gymnasium hätten. Da das Gymnasium Bardel isoliert und nicht in einem zentralen Ort liegt, ist das in Kap. 3 erläuterte und in der Niedergrafschaft und der Obergrafschaft verwendete Modell einer Brechung der Schülerfahrten zu den weiterführenden Schulen nicht anwendbar. Zum Bardel-Gymnasium müssen vielmehr direkte Beförderungsmöglichkeiten mit hoher Kapazität aus dem gesamten Landkreis geschaffen werden. Lediglich in Nordhorn ist eine Brechung möglich. Diese Schülerbeförderung verursacht hohe Kosten, die den Eltern aus politischen Gründen nicht angelastet werden. Die Netzform ist nachfolgend dargestellt:

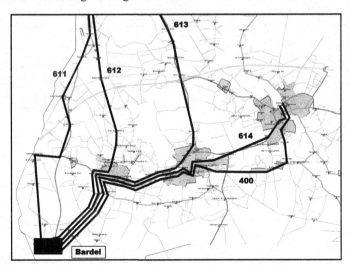

Bild 7.6-7:   Schülerbeförderung zum Gymnasium Bardel

Zur Minimierung der Betriebskosten muss versucht werden, so viele Schülerfahrten wie möglich in einen Sammel- bzw. Verteilvorgang einzubeziehen. Dies stößt jedoch an Grenzen, wenn aufgrund der nicht zueinander passenden Schulanfangs- und -endzeiten für einen Teil der Schüler lange Wartezeiten an der Schule entstehen oder die Wegezeiten zu lang werden. Deshalb wurde in allen drei Fällen versucht, durch eine gegenseitige Abstimmung der Schulanfangs- und -endzeiten eine weitere Einsparung an Fahrleistung zu erreichen. Hierbei waren die Möglichkeiten aus innerschulischen Gründen jedoch begrenzt.

Für die einzelnen Liniengruppen des zusätzlichen Schülerverkehrs wurden Rahmenfahrpläne erarbeitet, die auch schon den Fahrzeugumlauf enthalten. Ein Beispiel für einen solchen Rahmenfahrplan ist nachfolgend für das Schulzentrum Emlichheim dargestellt:

Tabelle 7.6-1:   Beispiel für Fahrplan, Fahrzeugumlaufplan und Nettofahrereinsatzzeiten

Linie	Kurs	Ri	Fahrt	Linienverlauf Starthaltestelle	Zielhaltestelle	Schüler (70%)	Länge [km]	Fahrzeit von	Fahrzeit bis	Fahrzeit [min]	Fzg Nr.
111	1	H	490100	Laar Kath. Kirche	Emlichheim GS	71	19,3	07:15	07:50	35	1
	2	R	490150	Emlichheim GS	Laar Kath. Kirche		19,3	11:40	12:15	35	1
	3	R	490151	Emlichheim GS	Laar Kath. Kirche		19,3	12:35	13:10	35	1
	4	R	490152	Emlichheim GS	Laar Kath. Kirche		19,3	13:25	14:00	35	1
112	1	H	490200	Vorwald Kanalbrücke	Emlichheim Schulzentrum	55	15,8	07:24	07:50	26	2
	2	R	490250	Emlichheim Schulzentrum	Vorwald Kanalbrücke		16,0	11:40	12:06	26	2
	3	R	490251	Emlichheim Schulzentrum	Vorwald Kanalbrücke		16,0	12:35	13:01	26	2
	4	R	490252	Emlichheim Schulzentrum	Vorwald Kanalbrücke		16,0	13:25	13:51	26	2
113	1	H	460200	Kleinringe Arends	Großringe Schule	126	16,6	07:07	07:35	28	3
	2	H	460100	Großringe Schule	Emlichheim Schulzentrum	136	4,6	07:38	07:45	7	3
	3	R	460201	Kleinringe Arends	Großringe Schule		16,6	08:07	08:35	28	3
	4	R	460150	Emlichheim Schulzentrum	Großringe Schule		4,6	12:40	12:50	10	3
	5	R	460250	Großringe Schule	Kleinringe Arends		16,0	12:55	13:23	28	3
	6	R	460151	Emlichheim Schulzentrum	Großringe Schule		5,0	13:25	13:32	7	3
	7	R	460251	Großringe Schule	Kleinringe Arends		16,0	13:32	14:00	28	3
114	1	H	480500	Hoogstede kath. Kirche	Emlichheim Schulzentrum	64	8,0	07:30	07:45	15	28
115	1	H	480300	Osterwald Ölbahnhof	Emlichheim Schulzentrum	64	16,4	07:20	07:48	28	4
	2	R	480350	Emlichheim Schulzentrum	Osterwald Ölbahnhof		16,4	12:35	13:03	28	4
	3	R	480351	Emlichheim Schulzentrum	Osterwald Ölbahnhof		16,4	13:25	13:53	28	4
116	1	H	480400	Hoogstede kath. Kirche	Emlichheim Schulzentrum	64	14,8	07:30	07:49	19	5
	2	R	480450	Emlichheim Schulzentrum	Hoogstede kath. Kirche		14,8	12:35	12:54	19	5
	3	R	480451	Emlichheim Schulzentrum	Hoogstede kath. Kirche		14,8	13:25	13:44	19	5
117	1	H	490500	Echteler Schule	Emlichheim GS	41	15,3	07:27	07:50	23	6
	2	R	490550	Emlichheim GS	Echteler Schule		15,3	11:40	12:03	23	6
	3	R	490551	Emlichheim GS	Echteler Schule		14,7	12:35	12:58	23	6
	4	R	490552	Emlichheim GS	Echteler Schule		14,7	13:25	13:48	23	6
118	1	H	490400	Heesterkante Spieker	Emlichheim GS	34	21,5	07:18	07:50	32	7
	2	R	490450	Emlichheim GS	Heesterkante Spieker		21,5	11:40	12:12	32	7
	3	R	490451	Emlichheim GS	Heesterkante Spieker		21,5	12:35	13:07	32	7
	4	R	490452	Emlichheim GS	Heesterkante Spieker		21,5	13:25	13:57	32	7

Aus den Rahmenfahrplänen für das gesamte Einsatzgebiet ergibt sich folgende insgesamt erforderliche Netto-Fahrleistung, ausgedrückt in Netto-Fahrten-Kilometern pro Zeiteinheit:

Tabelle 7.6-2:   Erforderliche Netto-Fahrleistung im zusätzlichen Schülerverkehr

Art der Fahrten	Netto-Fahrten-Kilometer pro Tag	Anzahl Tage der jeweiligen Tagesgruppe pro Jahr	Netto-Fahrten-Kilometer pro Jahr
Grundbedienung (je Linie 1 Bus) [1]	4.120	186	767.320
Verstärkerbusse [2]	1.180	186	219.480
Summe	7.600		**989.800**

[1] zu entnehmen aus den Rahmenfahrplänen,   [2] wie oben überschlägig ermittelt

7.6.3 Anzahl der benötigten Fahrzeuge

Die Schüler der 11. bis 13. Klasse des Gymnasiums und die Berufsschüler haben keinen Anspruch auf eine kostenfreie Beförderung. Ein Teil von ihnen benutzt aber gegen Zahlung des Fahrpreises trotzdem den ÖPNV. Um auch diesen Schülern eine angemessene Beförderungsqualität zu bieten, wird für diese Gruppe von einer maximalen Schulwegdauer von 90 Minuten je Richtung ausgegangen. Der Umfang der Verkehrsnachfrage dieser Gruppe ist nicht bekannt und kann auch nicht ohne weiteres ermittelt werden. Deshalb wird hier mit einem pauschalen Aufschlag von 10 % auf die Anzahl der anspruchsberechtigten Schüler gerechnet.

Da die Anteile der Schüler, die das Fahrrad benutzen oder von ihren Eltern gebracht und geholt werden, häufig nicht bekannt und wegen des Einflusses der Witterung auch nicht stabil sind, wurde in Ermangelung besserer Informationen angenommen, dass der Anteil der Schüler, die den ÖPNV benutzen, 70 % beträgt. Ein solcher Wert ist jedoch mit großen Unsicherheiten behaftet. Aus diesem Grund sollten die Ein- und Aussteiger stichprobenweise gezählt werden, um hieraus auf den ÖPNV-Anteil der Schüler zu schließen. Eine solche Zählung sollte mit Hilfe automatischer Zähleinrichtungen erfolgen.

Ausgangspunkt für die Bestimmung der erforderlichen Verstärkerbusse ist die Verkehrsnachfrage, die über das Fassungsvermögen eines Standardbusses hinausgeht. Daraus wird die Anzahl der erforderlichen Verstärkerbusse sowie die von ihnen zurückzulegende Fahrtlänge errechnet. Bei der Fahrtlänge der Sammelbusse wird davon ausgegangen, dass der Verstärkerbus nicht an der ersten Haltestelle eingesetzt wird, sondern erst an derjenigen Haltestelle, an welcher der erste Bus besetzt ist. In Ermangelung genauer Informationen werden hier für einen Verstärkerbus eine Fahrtlänge von 2/3 der Linienlänge zugrunde gelegt und bei mehreren Verstärkerbussen Fahrtlängen von jeweils der Hälfte der Linienlänge. Aus diesen Daten wird schließlich die Netto-Fahrleistung der Verstärkerbusse je Linie ermittelt. Dies geschieht nachfolgend für die Hinfahrt.

Tabelle 7.6-3: Netto-Fahrleistung der Verstärkerbusse

Linien-nummer	Linien-länge [km]	70 % der Nach-frage	Busse	Anteil Fahrt-länge[1]	Netto-Fahr-leistg.	Linien-num-mer	Linien-länge [km]	70 % der Nach-frage	Busse	Anteil-Fahrt-länge[1]	Netto-Fahr-leistg.
160	19,623	133,0	2	100,0 %	39,2	510	28,913	88,9	1	66,6 %	19,3
170	26,575	107,1	1	66,6 %	17,7	510	6,111	87,5	1	100,0 %	6,1
240	17,519	86,8	1	100,0 %	17,5	570	20,43	119,7	1	66,6 %	13,6
250	28,793	321,3	4	50,0 %	57,6	580	13,348	242,9	3	50,0 %	20,0
250	14,543	76,3	1	66,6 %	9,7	580	31,639	79,8	1	66,6 %	21,1
260	10,842	450,8	6	100,0 %	65,1	770	16,232	94,5	1	66,6 %	10,8
270	14,466	100,8	1	66,6 %	9,6	820	7,415	179,2	2	50,0 %	7,4
270	17,045	127,4	1	100,0 %	17,0	820	5,693	79,8	1	66,6 %	3,8
270	13,962	182,7	2	50,0 %	14,0	830	15,339	176,4	2	50,0 %	15,3
370	37,725	114,8	1	66,6 %	25,1	850	15,575	86,1	1	66,6 %	10,4
380	23,830	89,6	1	100,0 %	23,8	850	13,285	123,2	1	66,6 %	8,8
390	30,992	96,6	1	66,6 %	20,6	850	3,411	140,7	1	66,6 %	2,3
400	39,796	211,4	2	50,0 %	39,8	990	45,795	142,8	1	66,6 %	30,5
460	4,979	135,8	1	100,0 %	5,0	990	27,29	91	1	66,6 %	18,2
460	19,121	126,0	1	66,6 %	12,7	990	29,853	81,2	1	66,6 %	19,9
480	8,682	166,6	2	50,0 %	8,7					**Summe**	**590,6**

Überschlägig wird davon ausgegangen, dass der Umfang an Verstärkerfahrten bei der Rückfahrt von der Schule größenordnungsmäßig derselbe ist wie bei der hier abgeschätzten Hinfahrt zur Schule, so dass sich die Fahrleistung verdoppelt.

7.7 Abschätzung der Kosten und Einnahmen

Kosten entstehen im Fahrbetrieb, in der Verwaltung sowie für Anlagen und Einrichtungen. Im Rahmen der Nahverkehrsplanung ist es notwendig, die Kosten grob abzuschätzen, damit der Aufgabenträger zwischen dem zu fordernden Leistungsumfang und den dafür aufzubringenden finanziellen Mitteln abwägen kann. Erst wenn die im Nahverkehrsplan festgelegten Leistungen zur Vergabe kommen, muss das zu beauftragende Verkehrsunternehmen eine genaue Kalkulation vornehmen. Die Kosten des Fahrbetriebs lassen sich im Zusammenhang mit dem Maßnahmenentwurf einigermaßen genau ermitteln. Sie ergeben sich aus der Multiplikation von Kennwerten des fahrbetrieblichen Mengengerüstes mit spezifischen Kosten. Bei den übrigen Kostenarten reicht es dagegen aus, sie zu pauschalisieren. Da die Anzahl der vorhandenen Fahrzeuge ein Indikator für die Größe des Unternehmens ist, und der Umfang der Verwaltung sowie der Anlagen und Einrichtungen ebenfalls von der Größe des Unternehmens abhängt, bietet es sich an, deren Kosten auf die Fixkosten der Fahrzeuge aufzuschlagen.

Die wichtigsten Kenngrößen des Fahrtablaufs sind die Laufleistung, die Art und die Anzahl der Fahrzeuge sowie die Einsatzzeiten des Fahrpersonals. Bei einem getakteten Betrieb ist die Ermittlung dieser Kenngrößen verhältnismäßig einfach; sie fallen im Zusammenhang mit der Erstellung der Rahmenfahrpläne an. Bei den zusätzlich erforderlichen Schülerfahrten muss dagegen ein konkreter Fahrzeugumlaufplan aufgestellt werden.

Grundlage der Kostenermittlung ist die Anzahl der Betriebstage. Sie werden differenziert nach Wochentagen (Werktag, Samstag, Sonntag/Feiertag) sowie werktäglichen Schultagen und Nicht-Schultagen:

Tabelle 7.7-1: Anzahl der Betriebstage

Anzahl Tage/Jahr	365
Anzahl Sonn- und Feiertage/Jahr	61
Anzahl Samstage/Jahr	52
Anzahl Werktage/Jahr	252
Anzahl Nicht-Schultage	66
Anzahl Schultage	186

Die mengenbezogenen Kenngrößen, die spezifischen Kosten und die Gesamtkosten sind nachfolgend beispielhaft für die Linie 100 zusammengestellt. Die Kosten beziehen sich auf das Jahr 2001. Sie sind abhängig von dem örtlichen Gehaltsniveau und örtlichen Besonderheiten und können deshalb nicht verallgemeinert werden.

Tabelle 7.7-2: Kosten des allgemeinen ÖPNV am Beispiel der Linie 100
(ohne MwSt.)

Fixe und variable Fahrzeugkosten:

	Fixe Fahrzeugkosten		
Mengen-gerüst	*Fahrzeugtyp*		*Standardbus*
	Fahrzeuganzahl	*[-]*	*3*
Kosten-sätze	Tagessatz für ein Fahrzeug	*[€/Tag]*	140
	(inkl. Verwaltung und Fahrzeugreserve)		
Kosten	**jährl. fixe Fahrzeugkosten**	**[€/Jahr]**	**153.300**

	Variable Fahrzeugkosten		
Kostensätze	Dieselverbrauch		
	Dieselpreis		
	Kraftstoffkosten		
	Reifenkosten		
	Reparatur, Wartung, Pflege		
	Laufleistungsabhängige Fahrzeugkosten	**[€/km]**	**0,51**
Mengengerüst	*km Fahrgastbeförderung Werktag*	*[Nw-km/Tag]*	*1683,3*
	km Ein-/Aus-/Umsetzen Werktag	*[km/Tag]*	
	Wagenkilometer Werktag	*[Wkm/Tag]*	*1683,3*
	km Fahrgastbeförderung Samstag	*[Nw-km/Tag]*	*1248,0*
	km Ein-/Aus-/Umsetzen Samstag	*[km/Tag]*	
	Wagenkilometer Samstag	*[Wkm/Tag]*	*1248,0*
	km Fahrgastbeförderung Sonntag	*[Nw-km/Tag]*	*973,9*
	km Ein-/Aus-/Umsetzen Sonntag	*[km/Tag]*	
	Wagenkilometer Sonntag	*[Wkm/Tag]*	*973,9*
Kosten	Summe Wagenkilometer	[Wkm/Jahr]	548.496
	Summe Nutzwagenkilometer	[Nw-km/Jahr]	548.496
	jährl. Laufleistungsabhängige Fahrzeugkosten	**[€/Jahr]**	**279.733**

Personalkosten:

	Einsatzzeit Werktag	[min/Tag]	2678
	Zeit Ein- und Aussetzen Werktag	[min/Tag]	
	Einsatzzeit inkl. unbez. Pausen Werktag	[min/Tag]	2678
	unbezahlte Pause Werktag	[min/Tag]	0
	Einsatzzeit vor 21 Uhr Werktag	[min/Tag]	2434
	Einsatzzeit nach 21 Uhr Werktag	[min/Tag]	244
	Einsatzzeit Samstag	[min/Tag]	2166
	Zeit Ein- und Aussetzen Samstag	[min/Tag]	
	Einsatzzeit inkl. unbez. Pausen Samstag	[min/Tag]	2166
	unbezahlte Pause Samstag	[min/Tag]	0
	Einsatzzeit vor 21 Uhr Samstag	[min/Tag]	2118
	Einsatzzeit nach 21 Uhr Samstag	[min/Tag]	48
	Einsatzzeit Sonntag	[min/Tag]	1771
	Zeit Ein- und Aussetzen Sonntag	[min/Tag]	
	Einsatzzeit inkl. unbez. Pausen Sonntag	[min/Tag]	1771
	unbezahlte Pause Sonntag	[min/Tag]	0
	Einsatzzeit vor 21 Uhr Sonntag	[min/Tag]	1771
	Einsatzzeit nach 21 Uhr Sonntag	[min/Tag]	0
Kostensätze	Kostensatz Fahrerstunde	[€/h]	18
	Zulage für Nachtarbeit (21 - 5 Uhr)	[%]	0%
	tägl. Personalkosten vor 21 Uhr Werktag	[€/Tag]	730
	tägl. Personalkosten nach 21 Uhr Werktag	[€/Tag]	73
	tägl. Personalkosten vor 21 Uhr Samstag	[€/Tag]	635
	tägl. Personalkosten nach 21 Uhr Samstag	[€/Tag]	14
	tägl. Personalkosten vor 21 Uhr Sonntag	[€/Tag]	531
	tägl. Personalkosten nach 21 Uhr Sonntag	[€/Tag]	0
	tägl. Personalkosten Werktag	[€/Tag]	803,3
	tägl. Personalkosten Samstag	[€/Tag]	649,8
	tägl. Personalkosten Sonntag	[€/Tag]	531,4
	jährl. Personalkosten	**[€/Jahr]**	**268.647**

(Die erste Spaltengruppe trägt die Beschriftung „Mengengerüst (aus Umlaufplan)".)

Zusammenfassung der Kostenarten:

ohne MwSt	**jährl. Personalkosten**	**[€/Jahr]**	268.647
	jährl. Fixe Fahrzeugkosten	**[€/Jahr]**	153.300
	jährl. Laufleistungsabhängige Fahrzeugkosten	**[€/Jahr]**	279.733

Die Kostenermittlung für Richtungsbänder läuft in gleicher Weise ab wie die Kostenermittlung für die Linien, mit dem Unterschied, dass bei der Berechnung der Laufleistung abgeschätzt werden muss, welche nachfragebedingten Mehrwege gegenüber dem kürzesten Weg gefahren werden. Diese Abschätzung ist, bevor Erfahrungswerte aus dem laufenden Betrieb vorliegen, nur sehr grob möglich.

Nach dem für die Linie 100 dargestellten Rechenschema und entsprechenden Annahmen über den nachfragebedingten Mehrweg bei den Richtungsbändern werden auch die Kosten für die übrigen Linien und Richtungsbänder ermittelt. Insgesamt ergeben sich jährliche Kosten in Höhe von ca. 2.450.500 €

Für den Sektorbetrieb wird die Laufleistung über die Einsatzzeit, die mittlere Fahrgeschwindigkeit und eine Annahme über den nachgefragten Teil der angebotenen Leistung abgeschätzt. Dabei wird ebenfalls nach Tagesarten differenziert. Da der Sektorbetrieb dem Schülerverkehr nur am Rande dient, kann auf eine Differenzierung nach Schultagen und Nicht-Schultagen verzichtet werden:

Tabelle 7.7-3: Aufwandsabschätzung für den Sektorbetrieb

Tag	Einsatzzeit/Tag [Std/Tag]	V-Mittel [km/h]	Fahrleistung [km/Tag]	nachgefragte Leistung [km/Tag]
Werktag	12	30	360	180
Samstag	12	30	360	180
Sonntag	8	30	240	120

Diese tagesartspezifische Laufleistung wird mit den in Tab. 7.7-1 angegebenen Betriebszeiten der Tagesarten multipliziert. Hieraus ergibt sich eine Laufleistung je Fahrzeug von 62.040 km/Jahr. Im vorliegenden Anwendungsfall gibt es sechs Sektoren mit jeweils einem Fahrzeug, so dass sich eine Laufleistung von 372.240 km/Jahr für die Gesamtheit der Sektoren ergibt. Bei spezifischen Kosten von 0,45 €/km entstehen für den Sektorbetrieb jährliche Kosten in Höhe von 167.508 €.

Für den allgemeinen ÖPNV betragen die jährlichen Gesamtkosten demnach rd. 2.620.000 €.

Die Zusammenfassung aller Linien des zusätzlichen Schülerverkehrs ergibt folgende jährliche Gesamtkosten.

Tabelle 7.7-4: Berechnung der Gesamtkosten für den zusätzlichen Schülerverkehr (ohne MwSt.)

Fixe und variable Fahrzeugkosten:

	Fixe Fahrzeugkosten		
Mengen-gerüst	Fahrzeugtyp		Standardbus
	Fahrzeuganzahl	[-]	48
Kosten-sätze	Tagessatz für ein Fahrzeug	[€/Tag]	140
	(inkl. Verwaltung und Fahrzeugreserve)		
Kosten	jährl. fixe Fahrzeugkosten	[€/Jahr]	1.249.920

	Variable Fahrzeugkosten		
Kostensätze	Dieselverbrauch		
	Dieselpreis		
	Kraftstoffkosten		
	Reifenkosten		
	Reparatur, Wartung, Pflege		
	Laufleistungsabhängige Fahrzeugkosten	[€/km]	0,51
Mengen-gerüst	km Fahrgastbeförderung Schultag	[Nw-km/Jahr]	1.129.195
	km Ein-/Aus-/Umsetzen Schultag	[km/Jahr]	
	Wagenkilometer Werktag	[Wkm/Jahr]	1.129.195
Kosten	jährl. Laufleistungsabhängige Fahrzeugkosten	[€/Jahr]	575.889

Personalkosten:

Mengengerüst	*Einsatzzeit Schultag*	*[min/Jahr]*	*2.763.240*
	Zeit Ein- und Aussetzen Schultag	*[min/Jahr]*	
	Einsatzzeit inkl. unbez. Pausen Schultag	*[min/Jahr]*	*2.763.240*
	unbezahlte Pause Schultag	*[min/Jahr]*	*0*
	Einsatzzeit vor 21 Uhr Schultag	*[min/Jahr]*	*2.763.240*
	Einsatzzeit nach 21 Uhr Schultag	*[min/Jahr]*	*0*
Kosten-sätze	Kostensatz Fahrerstunde	[€/h]	18
	Zulage für Nachtarbeit (21 - 5 Uhr)	[%]	0
	jährl. Personalkosten	**[€/Jahr]**	**828.972**

Zusammenfassung der Kostenarten:

ohne MwSt	**jährl. Personalkosten**	**[€/Jahr]**	828.972
	jährl. Fixe Fahrzeugkosten	**[€/Jahr]**	1.249.920
	jährl. Laufleistungsabhängige Fahrzeugkosten	**[€/Jahr]**	575.889

Bei den Einnahmen wird unter Bezug auf die Ausführungen in Kap. 4.3.1 eine jährliche Zunahme um 5 bis 10 % unterstellt.

7.8 Vergleichende Bewertung des bisherigen und des geplanten Angebots

Der Vorher-Nachher-Vergleich bezieht sich auf die Fragen

- Wie hat sich das Angebot verändert?
- Wie hat sich die Verkehrsnachfrage verändert?
- Wie hat sich die Beurteilung des Verkehrsangebots durch die Bevölkerung verändert?

7.8.1 Veränderung der Angebotsqualität im allgemeinen ÖPNV

Der Vergleich der Angebotsqualität bezieht sich auf den Zustand vor dem Dezember 2003 (bisheriger Zustand) und den geplanten Zustand, der für den allgemeinen ÖPNV seit Dezember 2004 realisiert worden ist. Nachfolgend werden der bisherige und der geplante Zustand hinsichtlich der in Kapitel 4 genannten Zielkriterien gegenüber gestellt.

Erschließung, Verfügbarkeit

Ein Gebiet wird als erschlossen angesehen, wenn der Weg zur Haltestelle eine bestimmte Länge nicht überschreitet. Ein Maß für die Erschließungsqualität ist damit die Anzahl der Einwohner innerhalb dieses Abstandes von der Haltestelle. Dabei spielt auch die Fahrtenfolgezeit an der Haltestelle eine Rolle, so dass Erschließung und Verfügbarkeit im Zusammenhang beurteilt werden sollten.

Die Fahrtenfolgezeit ist für die Verbindung Neuenhaus–Nordhorn–Bad Bentheim ganztags auf einen 30-Minuten-Takt halbiert worden. Für die Verbindungen Nordhorn–Emlichheim und Nordhorn–Lingen wurde der bisherige ungefähre 60-Minuten-Takt zu einem regelmäßigen 60-Minuten-Takt aufgewertet. Die Fahrtenfolgezeit im südlichen Siedlungsband ist von einer unregelmäßigen und seltenen Bedienung auf einen regelmäßigen 60-Minuten-Takt verbessert worden. Die abseits der Bundesstraßen gelegenen Gebiete in der Niedergrafschaft, die bisher nur im Schülerverkehr mit wenigen ergänzenden Fahrten bedient wurden, haben jetzt in Form des Sektorbetriebs eine 60-Minuten-Bedienung. Die Betriebsdauer ist gleich geblieben.

Wenn die Einwohnerdaten der Meldeämter baublockscharf zur Verfügung stehen und in ein Geoinformationssystem eingepflegt sind, lässt sich eine Häufigkeitsverteilung der Wege zur Haltestelle ermitteln und in entsprechender Differenzierung darstellen. Im vorliegenden Planungsfall liegen die Einwohnerdaten aber nicht in der genannten Form vor, so dass die Erschließungsqualität nur in konservativer Weise als Kreise um die Haltestellen dargestellt werden konnten. Auf die Wiedergabe dieser Karten wurde hier verzichtet, weil ihr Aussehen allgemein bekannt ist.

Aus dem Vergleich zwischen dem vorhandenen Zustand und dem geplantem Zustand geht die unzureichende Flächenabdeckung des vorhandenen Zustands und die wesentliche Verbesserung im geplanten Zustand insbesondere in der Niedergrafschaft hervor.

Verknüpfung mit anderen Netzelementen

In Bad Bentheim/Bahnhof wurden Anschlüsse mit kurzen Übergangszeiten an die Regionalbahn nach Rheine und an den IC zwischen Amsterdam und Hannover hergestellt. Dies gilt sowohl in der Beziehung Bus–Bahn als auch in der Beziehung Bahn–Bus und sowohl in Richtung Nordhorn als auch in Richtung Bad Bentheim. Voraussetzung für diese verbesserten Anschlüsse ist, dass der Bus zwischen Nordhorn–Bentheim Bahnhof und Bentheim Rathaus durchgehend im 30-Minuten-Takt verkehrt statt wie bisher im 60-Minuten-Takt. In Lingen ist der Anschluss des Regionalbusses aus Nordhorn an den IC in Richtung Ruhrgebiet sehr günstig. Anschlüsse an den IC Richtung Emden sowie Anschlüsse an die Regionalbahn können dagegen nicht hergestellt werden. Für die Fahrgäste aus Nordhorn haben diese Verknüpfungen aber auch kaum Bedeutung.

Verbindungsqualität

In der nachfolgenden Tabelle sind die bisherigen Werte und die neuen Werte der Beförderungs-dauern zwischen den wichtigsten Orten wiedergegeben:

Tabelle 7.8-1: Vergleich der Beförderungsdauern

Status Quo-Wert *zukünftiger Wert*	Neuenhaus Markt	Uelsen	Veldhausen VB	Nordhorn Bahnhof	Bad Bentheim Bahnhof	Bad Bentheim Rathaus	Gildehaus Bhf	Schüttorf
Emlichheim Bhf	30 / 28		34 / 25	57 / 43	80 / 63	84 / 68		
Neuenhaus Markt				19 / 19	45 / 45	50 / 50		
Uelsen				43 / 29	63 / 47	67 / 52		
Veldhausen VB				31 / 25	54 / 45	58 / 50		
Nordhorn Bahnhof					20 / 20	25 / 25	45 / 40	26/43 / 37
Bad Bentheim Bahnhof						16 / 20	15 / 20	
Bad Bentheim Rathaus							13 / 15	9 / 15
Gildehaus Bhf								– / 30

Die grauen Felder stellen Verbindungen dar, die vom Verkehrsaufkommen her unbedeutend sind.

Die durchgängige Führung der Linien über Nordhorn hinaus und ihre zeitlich gute Verknüpfung in Bad Bentheim/Rathaus verkürzen die Beförderungsdauer.

In der Obergrafschaft haben die Beförderungsdauern aufgrund der Einführung des Richtungs-bandbetriebs dagegen zugenommen. Hier stehen der Gewinn an räumlicher Erschließung und die Verlängerung der Beförderungsdauer einander gegenüber.

Auf der Verbindung zwischen Nordhorn und Schüttorf muss in Wengsel – allerdings mit guten zeitlichen Anschlüssen – umgestiegen werden. Diesem Nachteil stehen eine Verdoppelung der Bedienungshäufigkeit, eine teilweise Verkürzung der Beförderungsdauer für den größten Teil der Fahrten gegenüber. Bisher mussten die Fahrgäste, abgesehen von wenigen Direktverbindungen, den Umweg über Bad Bentheim in Kauf nehmen und dort umsteigen. Insgesamt hat sich die An-gebotsqualität auf der Verbindung zwischen Nordhorn und Schüttorf damit deutlich verbessert.

Zuverlässigkeit

Die Zuverlässigkeit litt früher und leidet auch noch heute insbesondere unter Störungen durch den allgemeinen Straßenverkehr. Die kritischen Situationen können nicht durch Maßnahmen der Nahverkehrsplanung verbessert werden, denn eine Veränderung der Linienführung des ÖPNV ist in keinem der genannten Fälle möglich. Eine Beseitigung der Störungspotentiale kann nur durch Maßnahmen der Straßenverkehrsplanung, u. a. durch Beeinflussung der Lichtsignalanlagen, erreicht werden.

Im Richtungsband- und Sektorbetrieb treten nachfragebedingte Schwankungen bei den Abfahrtszeiten auf. Sie sind systembedingt. Aufgrund von Erfahrungen aus anderen vergleichbaren Anwendungsfällen werden solche Schwankungen, die selten länger als 5 Minuten sind, von den Fahrgästen ohne weiteres akzeptiert.

Beförderungskomfort

Zum Beförderungskomfort können lediglich Anforderungen zusammengestellt werden, die nur schrittweise nach Maßgabe der verfügbaren finanziellen Mittel erfüllbar sind.

Handhabbarkeit

Die Handhabbarkeit hat sich verbessert, weil Netz und Fahrplan einfacher aufgebaut sind. Außerdem haben die Linien im Gegensatz zum bisherigen Zustand einen eindeutigen Linienweg und einen durchgängigen Takt mit gleichbleibenden Abfahrtsminuten. Im Richtungsbandbetrieb und im Sektorbetrieb wechseln die Routen zwar nachfragebedingt, dadurch ergeben sich jedoch keine Informationserschwernisse, weil im nachfragegesteuerten Betrieb stets eine Anmeldung eines Beförderungswunsches erforderlich ist. Auch die Realisierung der weiteren Vorschläge zur Verbesserung der Tarifstruktur, der Fahrgastinformation und der Fahrgelderhebung wird Vorteile hinsichtlich der Handhabbarkeit bringen.

7.8.2 Veränderung der Angebotsqualität im Schülerverkehr

Der zusätzliche Schülerverkehr wird in seiner Grundbedienung entsprechend dem Konzept in Kap. 3 auf die Bedienung der 1. und 6. Stunde sowie einer Rückfahrt am Nachmittag begrenzt. Bei entsprechend hoher und regelmäßiger Nachfrage gibt es auch Fahrten zur 2. und von der 5. Stunde sowie Fahrten der Erst- und Zweitklässler, sofern ihr Unterricht erst mit der 2. Stunde beginnt oder nach der 4. Stunde endet. Dies stellt zunächst eine Einschränkung gegenüber dem bisherigen Zustand dar, bei dem nahezu sämtliche Stunden bedient wurden. Die Einschränkung wird jedoch dadurch kompensiert, dass im allgemeinen ÖPNV zukünftig ganztags zu allen Haltestellen ein 60-Minuten-Takt besteht. Aufgrund dieser Ganztagsbedienung wird nicht nur ein Nachmittagsunterricht mit weitgehender Freiheit in den Unterrichtszeiten möglich, sondern es bestehen zusätzliche Hinfahrts- und Rückfahrtsmöglichkeiten auch zu und von den Zwischenstunden am Vormittag.

Die bisherige, sehr teure Einzelbeförderung wird für die nicht-mobilitätsbehinderten Schüler soweit wie möglich abgeschafft, und die betroffenen Schüler werden mit dem Regionalbus befördert.

Die Vorgaben der Schülerbeförderungssatzung werden mit dem Fahrtenangebot des allgemeinen ÖPNV und des zusätzlichen Schülerverkehrs bis auf wenige Ausnahmen erfüllt. Die wenigen Schüler, bei deren Beförderung mit dem allgemeinen ÖPNV und den zusätzlichen Schülerfahrten gegen die Vorgaben der Schülerbeförderungssatzung verstoßen wird, können mit den Großraumtaxis befördert werden, die im Sektorbetrieb des allgemeinen ÖPNV verkehren. Diese Beförderung erfolgt jedoch nicht bis zur Schule, sondern zu den Verknüpfungspunkten zwischen Sektorbetrieb und Linienbetrieb des allgemeinen ÖPNV oder zu den Brechpunkten des zusätzlichen Schülerverkehrs.

Die Schülerbeförderung weist heute folgende Qualitätsmerkmale auf:

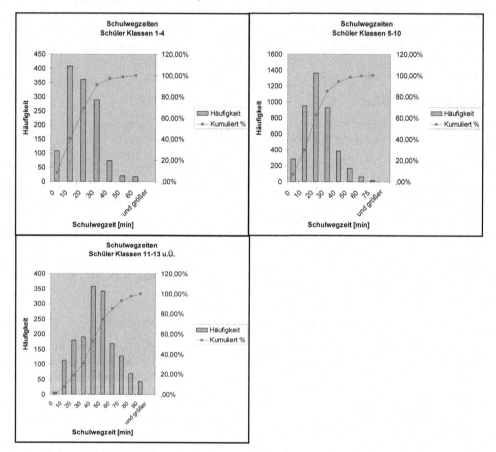

Bild 7.8-1: Häufigkeitsverteilung der Beförderungsdauern

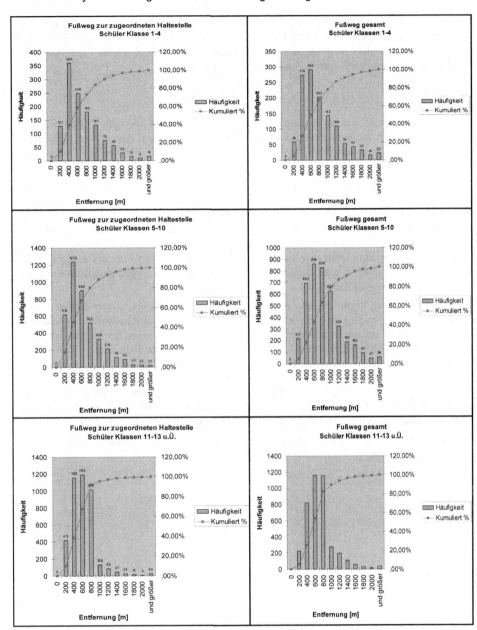

Bild 7.8-2 Häufigkeitsverteilung der Fußweglängen

Die Häufigkeitsverteilungen der Beförderungsdauern und der Fußweglängen zeigen gute Werte, die weit unter den Grenzwerten der Schülerbeförderungssatzung liegen. Ein Vergleich mit dem bisherigen Zustand ist nicht möglich, weil hierfür keine Werte vorliegen. Eine Plausibilitätsbetrachtung deutet auf eine Verbesserung hin.

7.8.3 Aufwand

Ein Vergleich der Kosten war nicht möglich, weil den Planern die bisherigen Kosten nicht bekannt waren und auch nicht nachträglich kalkuliert werden konnten. Aus diesem Grund beschränkt sich der Vergleich auf den betrieblichen Aufwand, der für den bisherigen Zustand dem Fahrplan entnommen werden kann.

Die Ermittlung des Aufwandes für den Zustand des allgemeinen ÖPNV vor Dezember 2003 (Status Quo) ist nicht möglich, weil hierfür keine elektronisch zu verarbeitenden Daten vorliegen. Vor dem Fahrplanwechsel im Dezember 2003 ist der Aufwand an Netto-Fahrleistung jedoch deutlich geringer gewesen. Nach grober Schätzung dürfte der Aufwand vor Dezember 2003 bei ca. 65 % des Aufwandes für den Zustand danach gelegen haben. Sektorbetrieb mit der Erschließung der abseits gelegenen Gebiete hat es überhaupt nicht gegeben; er wurde mit dem Fahrplanwechsel im Dezember 2003 erst eingeführt. Dafür entfallen einige wenige Fahrten im Linienbetrieb in die abseits gelegenen Gebiete.

Die Aufwandsermittlung für die in Zukunft geplanten zusätzlichen Schülerfahrten erfolgt anhand von Netto-Fahrten-Kilometern (= Nutzwagenkilometer) an einem durchschnittlichen Wochentag. Die Vergleichs-Basis Netto-Fahrten-Kilometer wurde gewählt, weil sowohl der vorhandene Fahrplan als auch die entwickelten Rahmenfahrpläne nur die Fahrten zur Fahrgastbeförderung und nicht die Einsetz-, Aussetz- und Umsetzfahrten, die Pausenzeiten sowie etwaige unproduktive Standzeiten enthalten. Bei den Netto-Fahrten-Kilometern des zusätzlichen Schülerverkehrs wurden keine Verstärkerbusse berücksichtigt. Für den Vergleich wird in erster Näherung davon ausgegangen, dass der Anteil der nicht-produktiven Zeiten und die Anzahl der einzusetzenden Verstärkerbusse größenordnungsmäßig gegenüber dem bisherigen Zustand gleich bleiben.

Die Abschätzung des Aufwandes erfolgte mit Hilfe der Daten des DIVA-Systems (elektronisches Fahrplanauskunftssystem).

Der Vergleich zwischen den verschiedenen Zuständen hat folgendes Ergebnis:

Tabelle 7.8-2: Vergleich der Netto-Fahrleistung

Zustand	Netto-Fahrten-Kilometer pro Jahr in Tsd. km	Indexwert der jährl. Netto-Fahrten-Kilometer
Allgemeiner ÖPNV, Linienbetrieb und Richtungsbandbetrieb		
Bisheriger Zustand [1]		100 %
Planung	1.762	153 %
Allgemeiner ÖPNV, Sektorbetrieb [2] und Linientaxibetrieb		
Bisheriger Zustand [3]	45	[5]
Planung	325	
Z usätzliche Schülerfahrten [4]		
Bisheriger Zustand	986	100 %
Planung	766	78 %

[1] Für den bisherigen Zustand ist nur eine grobe Abschätzung möglich, weil keine elektronisch zu verarbeitenden Fahrplandaten vorliegen.

[2] Bei der Abschätzung der Fahrleistung im Sektorbetrieb wird von einer mittleren Fahrtlänge innerhalb des Sektors und einer Benutzung des Angebots von 50 % ausgegangen.

[3] Kein Sektorbetrieb, sondern lediglich Linientaxi zu den Randzeiten des Linienverkehrs; deshalb ist die Angabe von Prozentwerten nicht sinnvoll.

[4] Ohne Verstärkerfahrten, die im Status Quo und in der Planung als größenordnungsmäßig gleich angesehen werden.

Zu den Einsparungen an Netto-Fahrten-Kilometern im zusätzlichen Schülerverkehr kommen die Einsparungen hinzu, die durch den Fortfall der Einzelbeförderung von nicht-mobilitätsbehinderten Schülern erreicht werden. Diese Schüler werden vorwiegend mit den Großraumtaxis des allgemeinen ÖPNV befördert.

Bei der Wertung des Mehraufwandes im allgemeinen ÖPNV zwischen dem bisherigen Zustand und dem geplanten Zustand (erster Spiegelstrich der obigen Aufzählung) muss beachtet werden, dass sich aufgrund des regelmäßigen 60-Minuten-Taktes ein besserer Wirkungsgrad im Fahrzeugumlauf und im Fahrereinsatz ergibt.

Die vorgeschlagenen Änderungen im zusätzlichen Schülerverkehr verringern den betrieblichen Aufwand deutlich und sparen damit Kosten. Dieser Vorteil bleibt aller Voraussicht nach auch dann noch beachtlich, wenn die vorgesehenen Maßnahmen nicht in vollem Umfang realisierbar sind und die gemachten Annahmen nicht voll zutreffen.

Aus dem Aufwand kann nicht unmittelbar auf Kosten geschlossen werden, denn die spezifischen Kostensätze sind ein Betriebsgeheimnis der Verkehrsunternehmen. Wenn sowohl für den Vorher-Zustand als auch für den Nachher-Zustand vergleichbare Mengengerüste vorliegen, kann man mit Durchschnittswerten für die verschiedenen Kostenarten einen Kostenvergleich anstellen. Mangels fehlender elektronischer Speicherung der Daten des Vorher-Zustandes war dies im vorliegenden Fall jedoch nicht möglich.

7.8.4 Veränderung der Verkehrsnachfrage

Die Verkehrsnachfrage, die Ausdruck des Verkehrsverhaltens der Bevölkerung ist, lässt sich durch die Kenngrößen Anzahl der Wege, Länge der Wege, Wegezwecke und benutztes Verkehrsmittel beschreiben.

Hintergrund des Verkehrsverhaltens ist die soziodemografische Struktur der Bevölkerung sowie die räumliche Verteilung der Nutzungen. Beides ist zwar Änderungen unterworfen, diese sind jedoch innerhalb des hier betrachteten Zeitraums, da keine singulären Ereignisse eingetreten sind, in der Regel nicht so groß, als dass sie messbaren Einfluss auf das Verkehrsverhalten haben könnten. Lediglich die Zunahme der Motorisierung, die immer noch anhält, hat die Pkw-Verfügbarkeit deutlich erhöht (s. unten) und damit die Verkehrsmittelbenutzung zugunsten des MIV verschoben.

Das Verkehrsverhalten ist im September 1997 von der Ingenieurgemeinschaft SCHNÜLL-HALLER, Hannover, und im April 2005 vom Planungsbüro VIA eG., Köln, jeweils mittels Haushaltsbefragungen erhoben worden. Dabei hat das Planungsbüro VIA einen Vergleich zwischen beiden Erhebungen angestellt, der folgendes Bild ergibt:

- Die Anzahl der je Einwohner zurückgelegten Wege hat sich von 1997 bis 2005 mit 3,7 Wegen je Werktag nicht verändert. Dass sich trotzdem die Anzahl der insgesamt zurückgelegten Wege von rd. 436.000 im Jahre 1997 auf rd. 467.000 im Jahre 2005 um rd. 7,1 % erhöht hat, liegt am Einwohnerzuwachs während dieser Zeit.

- Die Länge der Wege hat seit 1997 deutlich zugenommen: Von 1997 bis 2005 ist der Anteil der Wege unter 5 km von 70 % auf 64 % gesunken, während der Anteil der Wege über 20 km von 5 % auf 10 % gestiegen ist. Der Anteil der die Kreisgrenzen überschreitenden Wege hat sogar von 5,7 % auf 9,6 % zugenommen. Hierzu hat sicherlich der Wegfall der Grenzkontrollen im Verkehr mit den Niederlanden beigetragen aber auch die stärkere Verflechtung innerhalb der gemeinsamen Euregio-Zone, die sich u. a. in einem Zuzug von über 6.000 niederländischen Staatsbürgern innerhalb der letzten drei Jahre wiederspiegelt. Der Binnenverkehr der Kommunen ist mit ca. 75 % der Wege nahezu gleich geblieben.

- Die Wegezwecke haben sich kaum verändert: Gegenüber dem Durchschnitt in der Bundesrepublik Deutschland fällt auf, dass im Landkreis Grafschaft Bentheim weniger Freizeitwege und dafür mehr Einkaufs-, Ausbildungs- und Arbeitswege zurückgelegt werden. Darin spiegelt sich eine höhere Erwerbsquote und ein höherer Anteil jüngerer Menschen wider.

- Die Pkw-Verfügbarkeit der über 18 jährigen hat sich von 60 % im Jahr 1997 auf 74 % im Jahr 2005 erhöht.

- Bei der Verkehrsmittelbenutzung hat sich folgende Veränderung ergeben:

Tabelle 7.8-3: Veränderung der Verkehrsmittelbenutzung

	1997 SCHNÜLL/HALLER	2005 VIA
Pkw-Fahrer	44 %	51 %
Pkw-Mitfahrer	7 %	10 %
Kraftrad	1 %	1 %
Fahrrad	32 %	27 %
Zu Fuß	11 %	7 %
Bahn	0 %	0 %
Bus	5 %	4 %

Hauptantrieb der veränderten Verkehrsmittelbenutzung ist die höhere Pkw-Verfügbarkeit. Sie überdeckt alle anderen gegenläufig wirkenden Einflüsse und reduziert nicht nur die ÖPNV-Benutzung, sondern auch die Fahrradbenutzung und das Zu-Fuß-Gehen.

Der zunehmende Anteil der älteren Menschen dürfte tendenziell dem ÖPNV zugute kommen. Hierbei muss man allerdings sehen, dass die Älteren länger als frühere Generationen ihr Auto benutzen. Erst wenn aufgrund der zunehmenden Unfallgefährdung durch die Älteren Eignungsprüfungen als Voraussetzung für den weiteren Führerscheinbesitz eingeführt werden, dürfte die ÖPNV-Benutzung bei den Alten zunehmen.

Aus dieser Gegenüberstellung, die weitgehend identisch ist mit der Entwicklung auch in anderen ländlichen Räumen, wird deutlich, dass die ÖPNV-Benutzung trotz der teilweise erheblichen Verbesserungen der Angebotsqualität abgenommen hat. Dies unterstreicht die auch andernorts gewonnene Erkenntnis, dass nur diejenigen den ÖPNV benutzen, die keine andere Beförderungsmöglichkeit haben. Die inzwischen vorgenommenen Fahrpreiserhöhungen haben weitere Fahrgäste vom ÖPNV abgezogen. Dies gilt insbesondere für den Berufsverkehr, bei dem die ÖPNV-Benutzung äußerst gering ist und von 1997 bis 2005 noch abgenommen hat. Dennoch ist anzunehmen, dass die Verbesserung des ÖPNV-Angebots denjenigen erhöhte Mobilitätschancen gebracht hat, die bisher immobil waren, weil sie keine Möglichkeit der Pkw-Benutzung hatten und nicht Fahrrad fahren konnten oder wollten. Auch die Bring- und Hol-Dienste mit dem Pkw, die heute noch einen hohen Anteil an den Fahrtzwecken ausmachen, dürften bei einem guten ÖPNV-Angebot allmählich abnehmen. Einen positiven Einfluss auf die ÖPNV-Benutzung, insbesondere im Berufsverkehr, dürfte der langfristig fortschreitende Anstieg der Kraftstoffpreise haben. Insofern ist die Verbesserung der ÖPNV-Qualität eine Vorleistung auf die zukünftige demografische Entwicklung, die zu erwartende weitere Erhöhung des Benzinpreises und die zunehmende Verringerung der steuerlichen Absetzbarkeit der Aufwendungen für den Weg zur Arbeit.

Inwieweit die Verbesserung des ÖPNV-Angebots die Verschiebung der Verkehrsmittelbenutzung in Richtung auf den MIV gebremst hat, ist durch einfache Haushaltsbefragungen nicht zu klären. Hierzu liefern erst Focus-Interviews, wie sie im Rahmen dieses Projektes vom Lehrstuhl für Experimentelle und Angewandte Psychologie der Universität Regensburg (Univ.-Prof. Dr. Alf Zimmer) durchgeführt worden sind, Ergebnisse. Über sie wird in Kap. 7.8.5 zusammenfassend berichtet.

Eine positive Wirkung ist an den Bahnhöfen der Regionalbahn zu verzeichnen. Am Bahnhof Bad Bentheim hat sich die Anzahl der täglichen Einsteiger von rd. 600 im Jahr 2003 (unmittelbar vor Umsetzung des Nahverkehrsplans) auf rd. 650 im Jahr 2004 (unmittelbar nach Umsetzung des Nahverkehrsplans) erhöht. Am Bahnhof Schüttorf ist sie von rd. 330 auf rd. 450 gestiegen. Neben der allgemeinen Zunahme der Bahnbenutzer ist hierfür sicherlich auch die Verbesserung der Anschlüsse zwischen Bus und Regionalbahn von Bedeutung gewesen.

Über die Anmeldung von Fahrtwünschen, die in der Zentrale in den Rechner eingegeben wurden, sind Daten über die Benutzung des Sektorbetriebs angefallen. Nachfolgend wird die Entwicklung der Fahrgastzahlen für den Zeitraum von Februar 2004 bis Dezember 2005 dargestellt und interpretiert. Die Darstellung ist in die Zeiträume Februar 2004 bis Juli 2005 und Juli 2005 bis Dezember 2005 unterteilt, weil im Juli 2005 das Liniennetz verändert und die Anzahl der Sektoren erhöht worden ist.

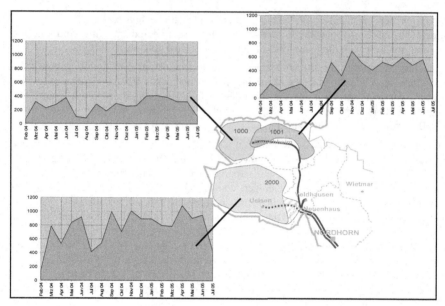

Bild 7.8-3: Entwicklung der Fahrgastzahlen im Sektorbetrieb von Febr. 2004 bis Juli 2005

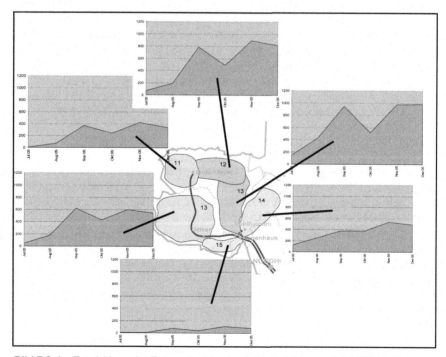

Bild 7.8-4: Entwicklung der Fahrgastzahlen im Sektorbetrieb von Juli 2005 bis Dez. 2005

Generell ist über den betrachteten Zeitraum ein Anstieg der Fahrgastzahlen zu beobachten. Spitzenwerte liegen bei 1.000 Fahrgästen je Monat, was einer durchschnittlichen Belastung von über 30 Fahrgästen je Tag entspricht. Deutlich zu erkennen sind die Einbrüche in den Sommermonaten. Dies deutet darauf hin, dass der Sektorbetrieb auch von Schülern benutzt wird, was der Zielsetzung, den Schülern auch außerhalb der Zeiten des Unterrichtsbeginns und -endes Fahrtmöglichkeiten zu bieten, gerecht wird. Beim Sektor 1001 (Emlichheim - Hoogstede) ist ab August 2004 ein erheblicher Anstieg der Fahrgastzahlen eingetreten. Ursache hierfür ist eine Reduzierung der Schüler-Einzelbeförderung mit Taxen und die Einbindung der betroffenen Schüler in den Sektorbetrieb.

Bei der Wertung von Daten der Vorher-/Nachher-Untersuchung muss berücksichtigt werden, dass aufgrund der schrittweisen Einführung der Maßnahmen noch keine umfassenden PR-Aktionen stattgefunden haben. Häufig sind die Verbesserungen, insbesondere die flächendeckende Erschließung der abseits der Hauptverkehrsstraßen gelegenen dünn besiedelten Gebiete durch Großraumtaxis im Sektorbetrieb, noch gar nicht in das Bewusstsein der Bevölkerung gedrungen.

7.8.5 Beurteilung des Angebots durch die Bevölkerung

Im Jahr 2002, bevor die Maßnahmen zur Verbesserung des ÖPNV-Angebots realisiert wurden, hat der Lehrstuhl für Experimentelle und Angewandte Psychologie der Universität Regensburg (Prof. Dr. ZIMMER) die Beurteilung des ÖPNV durch die Bevölkerung erfragt. Dies geschah anhand von Focus-Gruppen (Landfrauen, Berufstätige, Berufsschüler, Schüler, Senioren).

Die Beurteilung des früheren Angebots zeigt folgendes Bild:

- Große Teile des Landkreises werden nur zu den Zeiten des Schülerverkehrs bedient; vor allem fehlt ein Angebot am Nachmittag.
- Das Netz der bedienten Haltestellen ist insbesondere in den abgelegenen Gebieten zu dünn, so dass lange Fußwege erforderlich sind.
- Die Taktzeiten sind häufig zu lang.
- Für die Rückfahrt von Aktivitäten am Abend gibt es kein regelmäßiges Angebot.
- Die Beförderungsdauern sind zu lang, weil häufig von der kürzesten Route abgewichen wird und Haltestellen abseits dieser Route bedient werden.
- Umsteigevorgänge, die ohnehin beschwerlich sind, zwingen teilweise zu langen Wartezeiten, weil keine direkten Anschlüsse bestehen.

Diese Kritik war Ausgangspunkt für die Maßnahmen zur Verbesserung des Angebots. Die genannten Missstände konnten nicht in allen Punkten beseitigt werden, da einer Angebotsverbesserung enge finanzielle Grenzen gesetzt sind. Auch konnten Missstände hinsichtlich der „weichen Faktoren" der Angebotsqualität, wie Information, Bequemlichkeit und Sauberkeit der Busse sowie Freundlichkeit des Personals, durch Maßnahmen der Nutz- und Fahrplanbildung nicht korrigiert werden.

Im Jahr 2005 hat der Lehrstuhl für Experimentelle und Angewandte Psychologie der Universität Regensburg die Befragung der Focusgruppen wiederholt. Das Ergebnis zeigt folgendes Bild:

- Die Bewertung des Angebots ist mit Ausnahme der Information insgesamt besser als 2002.
- Die räumliche Erschließung wird trotz der flächendeckenden Bedienung auch der Gebiete abseits der Hauptverkehrsstraßen immer noch als mäßig bewertet.

- Als besonders schlecht gilt auch weiterhin die Anbindung an die Bahn (hier muss die Informiertheit der Befragten in Frage gestellt werden, denn die Anbindung an die Bahn ist objektiv gesehen optimal und kann nicht weiter verbessert werden). Von einigen Befragten werden die Umsteigezeiten als zu kurz bezeichnet. Im Hinblick auf die planmäßigen Übergangszeiten ist dies nicht korrekt. Es ist daher zu vermuten, dass aufgrund von Verspätungen die Übergänge häufig knapp werden oder nicht funktionieren. Aus diesem Grund sind Zeitmessungen unerlässlich, um die Ursache der Unzufriedenheit aufzudecken und etwaige Mängel abzustellen.

- Massive Kritik wird an der Schülerbeförderung geäußert. Hierzu ist festzustellen, dass die VGB sich bisher nicht in der Lage gesehen hat, die im Rahmen der Nahverkehrsplanung vorgeschlagenen Maßnahmen umzusetzen. Ihre Umsetzung würde sicherlich den größten Teil der Kritik beseitigen.

- Das Konzept einer flexiblen Bedienung wird als positiv erlebt, insbesondere die größere Nähe zu den Haltestellen. Als unkomfortabel wird die notwendige Vorbestellung der Fahrten eine Stunde vor Fahrtbeginn empfunden. Diese Anmeldefrist kann und sollte verkürzt werden. Die bisherige lange Frist war für notwendig erachtet worden, um den anfänglichen betrieblichen Unsicherheiten bei einer neuartigen Bedienungsform Rechnung tragen zu können.

- Trotz der insgesamt positiven Beurteilung der nachfragegesteuerten Betriebsformen gibt es Kritik an der Unzuverlässigkeit des Betriebs. Hier zeigt sich die Notwendigkeit einer genaueren Analyse des tatsächlichen Betriebsablaufs und der Abstellung der dabei zu Tage tretenden Mängel.

- Stark kritisiert wird die schlechte und teilweise sogar fehlende Information über das neue Angebot und hierbei insbesondere über die nachfragegesteuerten Betriebsformen. So werden Mängel genannt, wie das Fehlen einer zentralen Telefonnummer, die in Wirklichkeit gar nicht bestehen. Die mangelnde Information ist sicherlich auch ein Grund dafür, dass die Benutzung des ÖPNV nicht zumindest relativ zu der durch die zunehmende Motorisierung verursachten Verringerung des ÖPNV-Anteils am Gesamtverkehr zugenommen hat.

Die Ergebnisse der Nachherbefragung zeigen, dass der Landkreis mit der Verbesserung des ÖPNV-Angebots auf dem richtigen Weg ist, dass allerdings noch nicht alle Ziele erreicht wurden und Nacharbeiten erforderlich sind. Bei den Nacharbeiten stehen folgende Maßnahmen im Vordergrund:

- Umfassende Information über das veränderte Angebot, insbesondere über die nachfragegesteuerten Betriebsformen.

- Analyse des Betriebsablaufs, um Abweichungen vom planmäßigen Zustand aufzudecken und soweit wie möglich abzustellen. Dies betrifft vor allem die nachfragegesteuerten Betriebsformen.

- Umsetzung der Planung für den Schülerverkehr.

7.9 Erarbeitung und Durchsetzung der Planung

Die projektbeteiligten Institutionen waren

- Landkreis Grafschaft Bentheim mit
    - Kreistag und seine Ausschüsse als politische Entscheidungsträger,
    - Abteilung Verkehrswesen der Landkreisverwaltung,
- Lehrstuhl für Verkehrs- und Stadtplanung (Univ.-Prof. Dr.-Ing. Peter Kirchhoff) / am 1.1.2003 umbenannt in Lehrstuhl für Verkehrstechnik (Univ.-Prof. Dr.-Ing. Fritz Busch),
- Lehrstuhl für Experimentelle und Angewandte Psychologie der Universität Regensburg (Univ.-Prof. Dr. Alf Zimmer),
- Ingenieurgemeinschaft KHW, München, im Unterauftrag des Landkreises, Bearbeiter des Abschnitts Schülerverkehr,
- Fa. ESM, Hannover, im Unterauftrag des Landkreises, Ersteller der Software für die Steuerung des Richtungsband- und Sektorbetriebs,
- Verkehrsgemeinschaft Grafschaft Bentheim (VGB) als Verbund der örtlich tätigen Verkehrsunternehmen,
- Bentheimer Eisenbahn (BE) als das hauptsächlich im Landkreis tätige Verkehrsunternehmen,
- die weiteren im Landkreis tätigen Verkehrsunternehmen.

Nach der hier vertretenen Auffassung hat die Nahverkehrsplanung einen starken politischen Bezug. So müssen die politischen Entscheidungsträger – in diesem Fall der Kreistag des Landkreises Grafschaft Bentheim sowie seine Ausschüsse – die angestrebten Ziele in Form von Zielgewichten und Anspruchsniveaus festlegen, den vorhandenen Zustand bewerten, um daraus die Notwendigkeit von Veränderung abzuleiten, sowie unter besonderer Beachtung der Kosten über die vorgeschlagenen Maßnahmen entscheiden. Aus diesem Grund haben die Bearbeiter von Anfang an einen engen Kontakt zum Entscheidungsträger gesucht.

Nach einer Vorstellung der Aufgabenstellung des Projektes im Planungsausschuss des Landkreises wurde gemeinsam mit der Landkreisverwaltung ein erstes Konzept erarbeitet, in dem insbesondere der Einsatz der verschiedenen Betriebsformen und die daraus größenordnungsmäßig resultierenden Kosten skizziert wurden. Dieses Konzept wurde anschließend wiederum dem Planungsausschuss vorgelegt. Der Planungsausschuss hat damals hierüber noch keine Entscheidung getroffen, sondern lediglich seine Zustimmung erklärt, dass auf dieser Grundlage weitergearbeitet wird. Erst im Anschluss daran wurden über das Konzept Fachgespräche mit den im Landkreis tätigen Verkehrsunternehmen geführt.

Als nächster Schritt wurden vom Lehrstuhl für Verkehrs- und Stadtplanung der TU München Zielkriterien und die zugehörigen Anspruchsniveaus formuliert und mit der Landkreisverwaltung abgestimmt. Der Planungsausschuss hat dem Arbeitsergebnis dann explizit zugestimmt. Bei der Zielfestlegung wurden die Verkehrsunternehmen ausgeklammert, weil es sich hier um politische Entscheidungen handelt.

Der Lehrstuhl analysierte anschließend vor dem Hintergrund der Siedlungsstruktur und der Zielsetzungen das gegenwärtige ÖPNV-Angebot im Landkreis. Hierzu fanden Fachgespräche mit der Landkreisverwaltung und den Verkehrsunternehmen statt.

Die Vorschläge zur Weiterentwicklung des ÖPNV-Angebots wurden in enger Zusammenarbeit von Lehrstuhl und Landkreisverwaltung erarbeitet. Dieser Arbeitsschritt erforderte eine Reihe von Arbeitssitzungen in Nordhorn sowie eine Vielzahl von Ortsbesichtigungen. An diesem Arbeitsschritt wurden auch die Verkehrsunternehmen beteiligt. Die Ergebnisse dieses Arbeitsschrittes, die einen ersten Entwurf des Nahverkehrsplanes bildeten, wurden dem Planungsausschuss vorgestellt und vom Ausschuss soweit akzeptiert, dass auf dieser Grundlage weitergearbeitet werden konnte.

Da an den Sitzungen des Planungsausschusses stets die Presse und auch Vertreter der VGB teilgenommen haben, war eine Öffentlichkeit des Diskussionsprozesses gegeben. Darüber hinaus bezog die Landkreisverwaltung weitere Interessensgruppen wie die Vereinigung der Landfrauen, kirchliche Gruppen und insbesondere die Schulleiter in die Diskussion mit ein. Generell fand das Konzept eine positive Resonanz. Insbesondere die Schulleiter begrüßten es, dass durch die vorgesehene ganztägige Bedienung auch der abseits der Verkehrsachsen gelegenen Orte ein Nachmittagsunterricht ermöglicht wird.

Der Landkreis hat bereits in der Anfangsphase des Vorhabens mit den Konzessionierten Verkehrsunternehmen einen Kooperationsvertrag abgeschlossen, der das Ziel hatte, den Status-Quo des ÖPNV nicht zu Lasten der Unternehmen in Frage zu stellen. Als Gegenleistung sicherten die Verkehrsunternehmen zu, die Umsetzung des neuen Konzeptes zu unterstützen.

Ein wichtiger Bestandteil der Nahverkehrsplanung war die Bereitstellung der Steuerungstechnik, die auf der Grundlage von Vorarbeiten des Lehrstuhls für Verkehrs- und Stadtplanung der TU München der Fa. ESM, Hannover oblag. Die steuerungstechnischen Maßnahmen wurden nicht nur mit der Verkehrsgemeinschaft Grafschaft Bentheim abgestimmt, bei der die Steuerungszentrale eingerichtet werden sollte, sondern auch mit den Taxiunternehmen, welche die Verkehrsleistungen im Sektorbetrieb erbringen sollten.

Da das Verkehrsunternehmen Bentheimer Eisenbahn dem Landkreis gehört, war von vorn herein nicht an eine Ausschreibung, sondern an eine marktorientierte Direktvergabe gedacht.

Da die unmittelbare Ermittlung der Kosten und Einnahmen nicht möglich war, hat der Lehrstuhl in Abstimmung mit der Landkreisverwaltung versucht, über Analogiebetrachtungen aus dem bisherigen Leistungsumfang, den bisherigen Kosten und dem zukünftigen Leistungsumfang Kostenveränderungen größenordnungsmäßig abzuschätzen. Die Kostendaten führten dazu, dass der Planungsausschuss angesichts der höheren Kosten für den allgemeinen ÖPNV Einsparungen an anderer Stelle forderte. Hierfür kam in erster Linie der Schülerverkehr in Frage. Aus diesem Grund wurde die Planungsaufgabe im Verlauf des Forschungsprojektes auf den Schülerverkehr ausgedehnt.

Der Nahverkehrsplan, der die Grundlage für die Demonstration der Forschungsergebnisse bildet, wurde im Herbst 2004 fertiggestellt und im November 2004 vom Kreistag beschlossen. Vorausgegangen waren die vorgeschriebenen Abstimmungen mit den Trägern öffentlicher Belange und den benachbarten Landkreisen. Auch die VGB als Vertreterin der Verkehrsunternehmen hatte dem Nahverkehrsplan zugestimmt.

Obwohl die Aufgabe der Nahverkehrsplanung nach der geltenden Rechtslage beim Landkreis liegt, ist eine erfolgreiche Umsetzung nicht ohne die fachliche Mitwirkung der Verkehrsunternehmen möglich. Die Zusammenarbeit mit den Verkehrsunternehmen zeichnete sich durch ein großes Engagement auf der Mitarbeiterebene aus. Die Führungsebene stand dem Projekt teilweise mit Vorbehalten gegenüber, denn die Nahverkehrsplanung war bisher die ureigene Aufgabe der Verkehrsunternehmen gewesen bei einer nur geringen Mitsprache des Landkreises. Durch die Veränderung der rechtlichen Rahmenbedingungen hatte sich diese Aufgabenzuordnung weitgehend umgedreht. Auch die finanzielle Situation war eine andere geworden. Hatte bisher der Landkreis die erforderlichen Ausgleichsbeträge ohne Vorlage einer detaillierten Kalkulation gezahlt, drohte den Verkehrsunternehmen jetzt eine Ausschreibung oder zumindest eine den Ausschreibungsbedingungen ähnliche marktorientierte Direktvergabe. Nur durch eine Mischung aus Konfrontierung mit den neuen rechtlichen Bedingungen und Appell an eine gemeinsame Verantwortung gegenüber den Bürgern des Landkreises konnte das erforderliche Maß an Mitarbeit der Verkehrsunternehmen erreicht werden.

Während die Einführung des allgemeinen ÖPNV weitgehend reibungslos verlief, verursachte die Umstellung des Schülerverkehrs Unruhe. Dies lag sowohl an der mangelnden Bereitschaft der Verkehrsunternehmen zur Abstimmung der Ergebnisse mit den Forschern als auch an einer mangelhaften Information der Bevölkerung. Die bisherige Form des Schülerverkehrs wurde deshalb zunächst beibehalten.

Literatur

ACKERMANN, T., STAMMLER, H.: Nutzerfinanzierte Tarifstrategien. In: Der Nahverkehr, 1-2, 2006.

BAHN 2002: Elektronische Auskunft der DBAG, Stand Fahrplanperiode 2002/2003.

BUSCH, F., DIESCH, S., KIRCHHOFF, P.: Besserer Busverkehr auf dem Land. In: Internationales Verkehrswesen, Heft 5, 2004.

DINKEL, A.: Analyse und Bewertung des Regionalbusangebots im südlichen Emsland. Internes Arbeitspapier des Lehrstuhls für Verkehrstechnik der TU München, 2003.

EMSSTAT 2004: Niedersächsisches Landesamt für Statistik, Daten und Zahlen des Landkreises Emsland. Veröffentlicht auf der Internetpräsenz www.emsland.de; Stand 20. Oktober 2005.

FIEDLER, J.: Die Anruf-Sammeltaxen sind aus dem Versuchsstadium heraus. In: Verkehr und Technik, Heft 6, 1984.

FORSCHUNGSGESELLSCHAFT FÜR STRASSEN- UND VERKEHRSWESEN: Leitfaden für Verkehrsplanungen, 1985.

FORSCHUNGSGESELLSCHAFT FÜR STRASSEN- UND VERKEHRSWESEN: Rahmenrichtlinie für die Generalverkehrsplanung, 1979.

FRIEDRICH, M.: Rechnergestütztes Entwurfsverfahren für den ÖPNV im ländlichen Raum. In: Schriftenreihe des Lehrstuhls für Verkehrs- und Stadtplanung der TU München, Heft 5, 1994.

FÜGENSCHUH, S., STÖVEKEN, P.: Integrierte Optimierung des ÖPNV-Angebots und der Schulanfangszeiten. In: Straßenverkehrstechnik, Heft 6, 2005.

GRESCHNER, G.: Bedarfsgesteuerte Bussysteme. In: Schriftenreihe der INIT-GmbH, Heft 1, 1984.

HALLER, M.: Wirkungsanalyse von Verbesserungen des ÖPNV-Angebots im ländlichen Raum durch bedarfsgesteuerte Bussysteme am Beispiel des Landkreises Erding. In: Schriftenreihe des Lehrstuhls für Verkehrs- und Stadtplanung der TU München, Heft 8, 1999.

HEINZE, W., KIRCHHOFF, P., KÖHLER, U.: Planungshandbuch für den ÖPNV in der Fläche. Heft 53 der Reihe „direkt", Verbesserung der Verkehrsverhältnisse in den Gemeinden, Hrsg. Bundesministerium für Verkehr, Bau- und Wohnungswesen, 1999.

HEINZEL, G., LANDOLF, D., MEHLERT, C.: Anruf-Bus in der Schweiz. In: Der Nahverkehr, Heft 11, 1999.

KIESLICH, W.: Betriebsleitsysteme im ÖPNV des ländlichen Raums. In: Schriftenreihe des Lehrstuhls für Verkehrs- und Stadtplanung der TU München, Heft 10, 2000.

KIRCHHOFF, P.: Flexible Betriebsweisen im ÖPNV – Differenzierung von Betriebsform und Linienführung im ländlichen Nahverkehr am Beispiel des Landkreises Erding. In: Der Nahverkehr, Heft 11, 1999.

KIRCHHOFF, P.: Grundlagenuntersuchung zu Bedarfsbussystemen bei kombinierter und flexibler Betriebsweise. In: Nahverkehrsforschung `80, Statusseminar VII, Hrsg. Bundesministerium für Forschung und Technologie, Bonn, 1980.

KIRCHHOFF, P.: Grundlagenuntersuchung zu Bedarfsbussystemen bei kombinierter und flexibler Betriebsweise. In: Nahverkehrsforschung `80, Statusseminar VII, Hrsg. Bundesministerium für Forschung und Technologie, Bonn, 1980.

KIRCHHOFF, P.: Städtische Verkehrsplanung – Konzepte, Verfahren, Maßnahmen, Teubner-Verlag, Stuttgart, Leipzig, Wiesbaden, 2002.

KIRCHHOFF, P., KLOTH, H., TSAKARESTOS, A.: Neue Ansätze für die Planung des ÖPNV im ländlichen Raum. In: Der Nahverkehr, Heft 7-8, 2005.

KÖHLER, U., Appel, L.: Zukunft des ÖPNV auf dem Land. In: Der Nahverkehr, Heft 5, 2006.

LANDKREIS EMSLAND: Nahverkehrsplan Landkreis Emsland, 1. Fortschreibung, 2002.

MEHLERT, C.: Die Einführung des AnrufBusses im ÖPNV. In: Schriftenreihe für Verkehr und Technik, V+T, Ernst-Schmidt-Verlag, Band 91, 2001.

MOB², Forschungsprojekt im Rahmen des BMBF-Forschungsprogramms „Personenverkehr für die Region", IuK-basierte Integration von MIV und ÖPNV zur Abwicklung kurzfristig entstehender Mobilitätsbedarfe, verkehrlich-betrieblicher Teil, Lehrstuhl für Verkehrstechnik der TU München, 2006.

MOBINET: Forschungsprojekt im Rahmen des BMBF-Forschungsprogramms „Mobilität in Ballungsräumen", Abschlussbericht Arbeitsbereich A, Lehrstuhl für Verkehrstechnik der TU München, 2004.

NOCERA, S.: Steuerung des Sektorbetriebs bei nachfrageabhängiger ÖPNV-Bedienung. In: Schriftenreihe des Lehrstuhls für Verkehrstechnik der TU München, Heft 4, 2004.

NWP PLANUNGSGESELLSCHAFT MBH: Erläuterungsbericht zum Flächennutzungsplan der Stadt Lingen (Ems), 2002.

REGIS 2005: Institut für Regionalentwicklung und Informationssysteme Oldenburg.

SCHUSTER, B.: Flexible Betriebsweisen des ÖPNV im ländlichen Raum. In: Schriftenreihe des Lehrstuhls für Verkehrs- und Stadtplanung der TU München, Heft 2, 1992.

UNDERBERG, R.: Bereitstellung und Nutzung von Messwerten des Verkehrsablaufs im ÖPNV des ländlichen Raums. In: Schriftenreihe des Lehrstuhls für Verkehrstechnik der TU München, Heft 5, 2004.

VEJ 2003: Verkehrsregion Nahverkehr Ems-Jade, Linienplan für Bus, Bahn und Fähre.

VERBAND DEUTSCHER VERKEHRSUNTERNEHMEN: Differenzierte Betriebsweisen, 1994.

VGE 2002: Verkehrsgemeinschaft Emsland-Süd, Fahrplanbuch für die Periode 2002-2003.

WILHELM, S.: Planungselemente für flexible Betriebsweisen im ÖPNV des ländlichen Raums. In: Schriftenreihe des Lehrstuhls für Verkehrs- und Stadtplanung der TU München, Heft 13, 2002.

Sachwortverzeichnis